图解建设工程细部
施工做法系列图书

邵 楠 编著

图解 装饰装修工程
现场细部施工做法

U0194485

化学工业出版社

·北京·

内 容 简 介

本书以"示意图与施工现场图、注意事项、施工做法详解、施工总结"四大步骤为主线，以装饰装修工程中一个个现场细节做法为基本内容，并对大部分的细节做法配有示意图、现场施工照片、每个施工细节操作的注意事项、精练的施工做法以及施工重点内容的总结，从而将施工规范、设计做法、实际效果三者很好地结合在一起，让很多从事现场施工不久的技术人员能够看得懂、有具体认知、能够参照指导施工。同时，本书对重点施工做法配有现场操作视频，这样更有利于帮助读者理解相关内容。

本书可供从事装饰装修工程施工的技术员、施工管理人员以及大中专院校相关专业师生参考。

图书在版编目（CIP）数据

图解装饰装修工程现场细部施工做法/邵楠编著. —
北京：化学工业出版社，2022.10（2025.4重印）
（图解建设工程细部施工做法系列图书）
ISBN 978-7-122-41925-5

Ⅰ.①图… Ⅱ.①邵… Ⅲ.①建筑装饰-工程施工-
图解 Ⅳ.①TU767-64

中国版本图书馆 CIP 数据核字（2022）第 137870 号

| 责任编辑：彭明兰 | 文字编辑：邹　宁 |
| 责任校对：宋　夏 | 装帧设计：史利平 |

出版发行：化学工业出版社（北京市东城区青年湖南街 13 号　邮政编码 100011）
印　　装：北京科印技术咨询服务有限公司数码印刷分部
787mm×1092mm　1/16　印张 13　字数 315 千字　2025 年 4 月北京第 1 版第 5 次印刷

购书咨询：010-64518888　　　　售后服务：010-64518899
网　　址：http://www.cip.com.cn
凡购买本书，如有缺损质量问题，本社销售中心负责调换。

定　　价：58.00 元　　　　　　　　　　　　　版权所有　违者必究

前言

随着我国建筑行业的快速发展，土建工程领域出现了许多新理论、新技术、新材料，标准和规范也在不断更新。每一位施工人员的技术水平、处理现场突发事故的能力直接关系着现场工程施工的质量、成本、安全以及工程项目的进度，这就对工程建设现场施工人员和管理技术人员提出了更高的要求。土建施工员是完成土建施工任务最基层的技术管理人员，更是施工现场生产一线的组织者和管理者，因此，现代工程对他们的施工技术水平和管理能力也提出了较高的要求。为了满足广大现场施工人员的实际需求，编者根据自己现场多年的实践经验进行总结，编写了本书。

本书以"示意图与施工现场图、注意事项、施工做法详解、施工总结"这四个步骤为主线，对装饰装修工程细部施工做法进行详细讲解。全书内容共分为 6 章，以装饰装修工程施工技术为重点，详细介绍了装饰装修工程的具体施工方法、施工总结以及施工注意事项等知识，具体包括楼地面与楼面工程、抹灰工程、吊顶与隔墙工程、饰面砖与饰面板工程、涂饰与裱糊工程、门窗与幕墙工程等内容。本书从装饰装修工程施工现场出发，以一个个的工程现场细节做法为基本内容，并对大部分细节做法配有施工节点图、现场施工图片以及标准化的施工做法，从而将施工规范、设计做法、实际效果三者很好地结合在一起，让很多从事现场施工不久的技术人员能够看得懂，并有一定的直观认知，具有很好的实际指导价值。

本书在编写过程中参考了有关文献和一些项目施工管理经验性文件，并且得到了许多专家和相关单位的关心与大力支持，在此表示衷心的感谢。

由于编写时间和水平有限，尽管编者尽心尽力，反复推敲核实，但难免有疏漏及不妥之处，恳请广大读者批评指正，以便做进一步的修改和完善。

编著者

2022 年 11 月

目录

197　主要参考文献

第一章
地面与楼面工程

第一节 ▶ 垫层施工

一、灰土垫层施工

1. 施工现场图

灰土回填垫层施工现场见图 1-1。

2. 注意事项

① 灰土垫层铺设,基土必须平整、坚实,并打底夯,局部松软土层或淤泥质土,应予挖除,填以灰土夯实;同时,避免受雨水浸泡,以防局部沉陷造成垫层破裂或下陷。

② 灰土施工使用的块灰必须充分熟化,按要求过筛,以免颗粒过大,熟化时体积膨胀,将垫层胀裂,造成返工。

③ 灰土施工时,每层都应测定夯实后土的干密度,检验其压实系数和压实范围,符合设计要求后才能继续作业,避免出现干密度达不到设计要求的质量事故。

图 1-1　灰土回填垫层施工现场

④ 室内地坪回填土必须注意找好标高,使表面平整,密实度均匀一致,以避免出现表面平整度偏差过大,密度不匀,致使垫层过厚或过薄,造成开裂、空鼓返工。

⑤ 管道下部应注意按要求分层填土夯实,避免漏夯或夯填不实,造成管道下方空虚,垫层破坏,管道折断,引起渗漏塌陷事故。

3. 施工做法详解

工艺流程 ▷▷▷▷▷

灰土拌制→灰土铺设→垫层接缝。

（1）**灰土拌制** 灰土配合比一般采用 3:7 或 2:8（石灰:土,体积比),石灰和土料应计量,用人工翻拌(图 1-2)不少于三遍,使拌合物均匀、颜色一致,并适当控制含水量,现场以手握成团,两指轻捏即散为宜,如土料水分过多或过少时,应晾干或洒水湿润。

（2）**灰土铺设** 灰土虚铺厚度一般为 200～250mm（夯实后 100～150mm 厚），垫层厚度超过 150mm 时应由一端向另一端分段分层铺设，分层夯实。各层厚度钉标桩控制，夯打采用蛙式打夯机或木夯，大面积宜采用小型手扶振动压路机（图 1-3），夯打遍数一般不少于三遍，碾压遍数不少于六遍，应根据设计要求的干密度在现场试验确定。

图 1-2 人工翻拌灰土

图 1-3 灰土垫层打夯

（3）**垫层接缝** 灰土分段施工时，不得在地面荷重较大的部位接缝。上下两层灰土的接缝距离不得小于 500mm。当灰土垫层标高不同时，应做成阶梯形。接槎时应将槎子垂直切齐。

4. 施工总结

① 灰土夯实应连续进行，并尽快完成，施工中应有防雨排水措施，刚打完的或尚未夯实的灰土，如遭受雨淋浸泡，应将积水及松软灰土除去，并补填夯实；被浸湿的灰土，应晾干后再夯打密实。

② 不得在基土受冻的状态下铺设灰土，土料不得含有冻块，应覆盖保温，当日拌合灰土，应当日铺垫夯完，夯完灰土的表面应用塑料薄膜或草袋覆盖保温。气温在 −10℃ 以下不宜施工。

③ 灰土应逐层检验，用贯入仪检验，以达到控制压实系数所对应的贯入度为合格，或用环刀取样试验灰土干密度。检验点数：对大面积每 50～100m² 应不少于 1 个，房间每间不少于 1 个。灰土最小干密度：黏土为 1.45t/m³；粉质黏土为 1.50t/m³；粉土为 1.55t/m³。灰土夯实后，夯实质量可按压实系数进行鉴定，一般为 0.93～0.95。

④ 灰土垫层的允许偏差及检验方法应符合表 1-1 的规定。

表 1-1 灰土垫层的允许偏差及检验方法

项目	允许偏差/mm	检验方法
表面平整度	10	用 2m 靠尺和楔形塞尺检查
标高	±10	用水准仪检查
坡度	不大于房间相应尺寸的 2/1000，且不大于 30	用坡度尺检查
厚度	在个别地方不大于设计厚度的 1/10	尺量检查

二、碎石垫层和碎砖垫层施工

1. 施工现场图

碎石垫层施工现场见图 1-4。

2. 注意事项

① 在已铺设的垫层上，不得用锤击的方法进行石料和砖料加工。

② 垫层铺设后应尽快进行面层施工，防止因长期暴露、行车、走人造成松动。

③ 做好垫层周围的排水措施，防止垫层受雨水浸泡造成下陷。

④ 紧靠已铺好垫层的部位，不得随意挖坑进行其他作业。

⑤ 冬期施工时，因垫层较薄，在做面层前，应有防止基土受冻的措施。

图 1-4　地面碎石垫层施工现场

3. 施工做法详解

工艺流程　▷▷▷▷▷

清理基土→弹线、设标志→铺设垫层。

（1）**清理基土**　铺设碎石（或碎砖，下同）垫层前先检验基土土质（图 1-5），清除松散土、积水、污泥、杂质，并打底夯两遍，使表土密实。

（2）**弹线、设标志**　在墙面弹线（图 1-6），在地面设标桩，找好标高、挂线，作为控制铺填碎石或碎砖厚度的标准。

图 1-5　基土土质现场检验

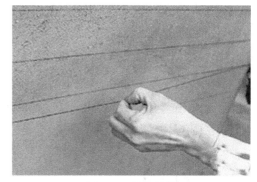

图 1-6　弹控制线

（3）**铺设垫层**　碎石垫层（图 1-7）的厚度一般不宜小于 10mm，铺时按线由一端向另一端分段铺设，摊铺均匀，不得有粗细颗粒分离现象。表面空隙应以粒径为 5～25mm 的细碎石填补。铺完一段，压实前应洒水使表面保持湿润。小面积房间采用木夯或蛙式打夯机夯实，不少于三遍；大面积宜采用小型振动压路机压实，不少于四遍，均夯（压）至表面平整不松动为止。砖垫层的厚度不宜小于 60mm，铺设方法同碎石垫层，亦应分层摊铺均匀，洒水湿润后，采用木夯或蛙式打夯机夯实，并达到表面平整、无松动的标准为止，高低差不大于 20mm，夯实后的厚度不应大于虚铺厚度的 3/4。

图 1-7　碎石垫层铺设

4．施工总结

① 碎石、碎砖垫层施工，基土必须平整、坚实、均匀；局部松软土应清除，用同类土分层回填夯实；管道下部应按要求回填土夯实；基土表面应避免受水浸润，基土表面与碎石、碎砖之间应先铺一层 5～25mm 碎石或粗砂层作砂框，以防局部下陷或软弱土层挤入碎石或碎砖空隙中而使垫层破坏。

② 垫层铺设时每层厚度宜一次铺设，不得在夯压后再行补填或铲削。

③ 垫层分段铺设，应用挡板留直槎，不得留斜槎。

④ 夯压完的垫层如遇雨水浸泡基土或行驶车辆振动造成松动，应在排除积水和整平后，重新夯压。

⑤ 垫层铺设使用的碎石、碎砖的粒径、级配应符合要求，摊铺厚度必须均匀一致，以防厚薄不均、密实度不一致造成不均匀变形破坏。

三、炉渣垫层施工

1．施工现场图

炉渣垫层施工现场见图 1-8。

图 1-8　炉渣垫层施工现场

2．注意事项

① 垫层应铺设均匀，滚压（拍打）密实，不得出现蜂窝、麻面或松散炉渣颗粒。

② 垫层与基层必须黏结牢固，不得出现空鼓和脱层现象。

③ 可使用 325 号普通硅酸盐水泥或矿渣硅酸盐水泥，亦可用火山灰质硅酸盐水泥或粉煤灰质硅酸盐水泥。

④ 块灰含量不小于 70％，使用前 1～3d 洒水粉化并过筛，其粒径不得大于 5mm，不得含有未烧透的块灰或其他杂质。

3．施工做法详解

工艺流程 >>>>>

炉渣过筛和水闷→拌制→清理基层→定标高线→铺设与压实→施工缝处理→养护。

（1）**炉渣过筛和水闷**　炉渣使用前过两遍筛，第一遍过 40mm 筛孔或按垫层厚度确定筛孔直径；第二遍过 5mm 筛孔，去除杂质和粉渣，控制粒径 5mm 以下颗粒不超过总体积的 40％。配制炉渣或水泥炉渣拌合物时，炉渣使用前应浇水闷透；配制水泥石灰炉渣拌合物时，炉渣使用前应用石灰浆或熟化石灰浇水搅拌均匀闷透。闷透时间均不得少于 5d。

（2）**拌制**　水泥炉渣配合比宜采用 1:6（体积比）；水泥、石灰、炉渣宜采用 1:1:8（体积比）。人工拌制先按比例计量将水泥和闷好的炉渣倒在拌板上干拌均匀，再用喷壶徐徐加水湿拌，使水泥浆搅拌均匀，颜色一致。机械拌制先将按比例计量的干料倒入混凝土搅拌机中干搅拌 1min，再加入适量的水，搅拌 1.5～2.0min 即可（图 1-9）。其干湿程度，以便于滚压密实，含少量浆而不出现泌水现象为合适。

（3）**清理基层**　基土上做垫层，应将杂物、松土清理干净，并打底夯两遍；混凝土基层上做垫层，应将松动颗粒及杂物清除掉（图 1-10）。清理后表面洒水湿润。

（4）**定标高线** 按已弹好的控制地面垫层标高和厚度的水平线（图1-11）或标志，拉线做好找平墩，间距为2m左右，有排水坡的房间按坡度要求找出最高点和最低点的标高，亦拉线做好找平墩，用以控制垫层表面的标高。

（5）**铺设与压实** 炉渣垫层厚度宜在80mm以上，虚铺厚度约为压实厚度的1.3倍，当厚度为80mm时，则虚铺厚度为104mm。当为土基层时，可直接铺设；当为混凝土基层时，应先洒水湿润，在表面均匀涂刷水泥浆一层，然后由室内向室外依次铺设炉渣熟料，按找平墩先用平锹粗略找平（图1-12），再后用大杠细找平，分段或全部铺好后，用铁辊滚压（或木夯夯实），局部凹陷可撒填拌合料找平，至表面平整出浆，厚度符合设计要求为止。

图1-9 水泥炉渣采用机械拌制

对墙根、边缘、管根等滚压不到之处，应用木拍拍打平整、密实，至出浆为止。当垫层厚度大于120mm时，应分层铺设，并滚压密实；每层压实后的厚度不应大于虚铺厚度的3/4。亦可不分层而采用平板振动器振平捣实。水泥炉渣垫层施工应随拌、随铺、随压实，全部操作过程应在2h内完成。

图1-10 基层清理

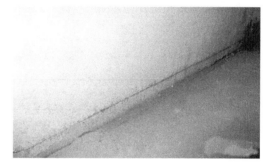

图1-11 厚度控制线

（6）**施工缝处理** 炉渣垫层（图1-13）一般不宜留施工缝，如因故必须留设时，应用木方挡好接槎处，继续施工时在接槎处涂刷水泥浆一层，再浇筑，以利结合良好。

图1-12 粗略找平

图1-13 炉渣垫层

（7）**养护** 炉渣垫层施工完毕后，应适当护盖、洒水养护，时间不少于3d，待其凝固后方可进行下道施工工序。

4. 施工总结

① 炉渣垫层冬期施工，水闷炉渣表面应加保温材料覆盖，防止受冻。做炉渣垫层前 3d 做好房间保暖措施，保持铺设和养护温度不低于 5℃。已铺好的垫层应适当护盖，防止受冻。

② 当天拌制的水泥炉渣或水泥石灰炉渣，必须在当天规定时间内用完，以避免硬化而影响垫层强度。

③ 底层铺筑炉渣垫层前，必须先打底夯，将地基找平夯实，以避免垫层厚薄不均或基土不均匀下沉，造成垫层破坏。

④ 垫层施工常易出现开裂、空鼓现象。主要是材料未严加选用，炉渣内含有较多的杂质、未燃尽的煤和遇水能膨胀分解的颗粒，或含较多微细颗粒；或闷水时未闷透，铺料时基层清理不净，与结合层黏结不好等原因造成的。施工时应注意材料按要求选用，基层清理应认真，黏结层应随刷随铺炉渣，并加强成品的养护。

⑤ 施工中发现炉渣垫层强度不够，主要是配合比不准、施工时间过长、滚压不实、养护不好造成的。施工时应注意严格控制各道工序的操作质量，配料应准确掌握配合比，搅拌要均匀，并严格控制加水量。铺设炉渣时应加强厚度和平整度的检查，滚压密实均匀，加强成品的养护等，以确保达到要求的强度。

四、混凝土垫层施工

1. 示意图和施工现场图

混凝土垫层构造示意和施工现场分别见图 1-14 和图 1-15。

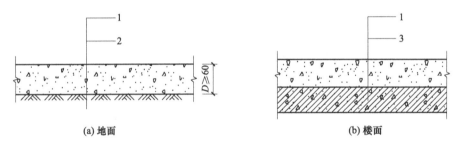

(a) 地面　　　　　　　　　　　　(b) 楼面

图 1-14　混凝土垫层构造示意

1—混凝土垫层；2—基土（原状土或压实填土）；
3—楼层结构层（现浇或预制混凝土楼板）；D—垫层厚度

图 1-15　混凝土垫层施工现场

2. 注意事项

① 雨、冬期施工，露天浇筑混凝土垫层，应编制季节性施工措施，采取有效的防雨、防冻措施，以确保垫层质量。

② 混凝土浇筑时应注意配合比准确，振捣密实，防止漏振、欠振，或操作不当，从而造成混凝土不密实。

③ 垫层施工应严格控制各道工序的操作质量，基土必须均匀一致，配料应准确，搅拌均匀，垫层铺料应厚薄一致，振捣密实，大面积应分段分块浇筑，混凝土终凝前应抹压 1～2 遍，

以避免出现裂缝。

3. 施工做法详解

工艺流程

混凝土拌制→混凝土浇筑→养护。

(1) **混凝土拌制** 根据配合比计算出每罐混凝土的用料。后台要认真按每罐的配合比用量称量、投料，每罐投料顺序为：石子→水泥→砂→水。严格控制加水量，搅拌要均匀，搅拌时间一般不少于 90s。混凝土现场拌制如图 1-16 所示。

(2) **混凝土浇筑**

① 先应清除基土上的泥土和杂物，并应有排水或防水措施。对干燥非黏性土应适当洒水湿润，表面不得存有积水。

② 混凝土应用手推车或机动翻斗车运至浇筑地点。运送时防止离析或水泥浆流失。如有离析，应进行二次搅拌。

③ 浇筑高度超过 2m 时，应使用串筒或溜槽下料，以防止发生离析现象。

图 1-16 混凝土现场拌制

④ 混凝土浇灌由一端向另一端进行，采用平板式振捣器振捣。垫层厚度超过 200mm 时，应使用插入式振捣器 (图 1-17)，其移动间隔不大于作用半径的 1.5 倍。

⑤ 混凝土应按分块 (间) 一次连续浇筑完成，如有间歇，应按规定留置施工缝。混凝土浇筑时间一般不应超过 2h (图 1-18)。

图 1-17 插入式振捣器振捣垫层

图 1-18 混凝土垫层浇筑

⑥ 混凝土振捣密实后，表面应用木抹子搓平。如垫层的厚度较薄，应严格控制摊铺厚度，用大杠细致刮平表面 (图 1-19)。有排水要求的垫层，应按放线找出坡度，一般不应小于 2%。

(3) **养护** 混凝土垫层浇筑完后，应在 12h 以内覆盖并浇水养护，养护时间一般不少于 7d。

4. 施工总结

① 垫层施工应防止碰撞、损坏门框、管线、预埋铁件及已完的装修面层。

图 1-19 大杠刮平施工

② 垫层内设计要求预留的孔洞和安装固定地面与楼面镶边连接件所用的锚栓（件）及木砖，均应事先留好和埋好，避免以后剔凿，损伤垫层。

③ 已浇筑的垫层，混凝土强度达到 5.0MPa 以上，方可在其上行人或进行下道工序施工。

④ 在有防水层的基层上施工时，应认真保护好防水层，严禁直接在其上行车或堆放材料，以防砸伤防水层。如发现有损坏情况，应立即修补好后，方准在其上进行作业。

第二节 ▶ 面层施工

一、水泥砂浆面层施工

1. 示意图和施工现场图

水泥砂浆面层构造做法示意和施工现场分别见图 1-20 和图 1-21。

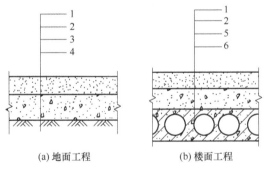

(a) 地面工程　　(b) 楼面工程

图 1-20　水泥砂浆面层构造做法示意

1—水泥砂浆面层；2—刷水泥浆；3—混凝土垫层；
4—基土（分层夯实）；5—混凝土找平层；6—楼层结构层

图 1-21　水泥砂浆面层施工现场

2. 注意事项

① 面层施工温度不应低于 5℃，否则应按冬期施工要求采取措施。

② 水泥砂浆铺抹时，如砂浆局部过稀，不得撒干水泥，以免面层颜色不匀，甚至造成

龟裂或起皮现象。压光时，不得贪图省力，而另加素水泥胶浆压光，以防起壳或造成表层强度降低。

③ 面层抹压完毕后，夏季应防止曝晒雨淋，冬季应防止凝结前受冻。

④ 抹面时基层必须注意凿毛，将油污、脏物去净并湿润，刷素水泥浆一道，立即铺抹，掌握好压抹时间，以避免出现空鼓或脱壳现象。

⑤ 抹砂浆时应注意按要求遍数抹压，并使其均匀、厚薄一致，不得漏压、欠压或超压，以防表面起皮或强度不均。

⑥ 抹面层时，不得使用受潮或过期水泥，砂浆应搅拌均匀，水灰比应掌握准确，压光要适时，以防造成地面起砂。

⑦ 当水泥砂浆面层出现局部起砂时，可采用 108 胶水泥腻子进行修补。方法是将起砂表面清理干净，洒水湿润，涂刷 108 胶水一遍，满刮腻子 2～5 遍，总厚为 0.7～1.5mm，洒水养护，用砂纸磨平，清除粉尘，再涂刷纯 108 胶一遍或做一道蜡面。

3. 施工做法详解

工艺流程

清理基层→冲筋、贴灰饼→配制砂浆→铺抹砂浆→找平、压头遍→二遍压光→三遍压光→养护→抹踢脚板。

(1) **清理基层** 将基层表面的积灰、浮浆、油污及杂物清扫掉并洗干净（图 1-22），明显凹陷处应用水泥砂浆或细石混凝土垫平，表面光滑处应凿毛并清刷干净。抹砂浆前 1d 浇水湿润，表面积水应予排除。

(2) **冲筋、贴灰饼** 根据墙面弹线标高，用 1∶2 干硬性水泥砂浆在基层上做灰饼（图 1-23），大小约 50mm 见方，纵横间距 1.5m 左右。有坡度的地面，应坡向地漏一边。如局部厚度小于 10mm，则应调整其厚度或将高出的局部基层凿去一部分。

图 1-22 水泥混凝土基层清理

图 1-23 做灰饼

(3) **配制砂浆** 面层水泥砂浆的配合比宜为 1∶2（水泥∶砂，体积比），稠度不大于 35mm，强度等级不应小于 M15。水泥石屑砂浆为 1∶2（水泥∶石屑，体积比），水灰比为 0.4。使用机械搅拌时，投料完毕后的搅拌时间不应小于 2min，要求搅拌均匀，颜色一致。

(4) **铺抹砂浆** 灰饼做好待收水不致塌陷时，即在基层上均匀扫素水泥浆（水灰比 0.4 ～0.5）一遍，随扫随铺砂浆。若待灰饼硬化后再铺抹砂浆，则应随铺砂浆随找平，同时把利用过的灰饼敲掉，并用砂浆填平。

(5) **找平、压头遍** 铺抹砂浆后，随即用刮尺或木杠按灰饼高度将砂浆找平，用木抹子

图 1-24　地面平整度检查

搓揉压实，将砂眼、脚印等消除后，用靠尺检查平整度（图 1-24）。抹时应用力均匀，并后退着操作。待砂浆收水后，随即用铁抹子进行头遍抹平压实至起浆为止。如局部砂浆过干可用扫帚稍洒水；如局部砂浆过稀，可均匀撒一层 1：1 干水泥砂（砂需过 3mm 筛孔）来吸水，顺手用木抹子用力搓平，使水泥和砂互相混合。待砂浆收水后，再用铁抹子抹压至出浆为止。

（6）**二遍压光**　在砂浆初凝后进行第二遍压光，用钢抹子边抹边压，把死坑、砂眼填实压平，使表面平整。要求不漏压，平面出光。有分格的地面，压光后，应用溜缝抹子溜压，做到缝边光直，缝隙清晰。

（7）**三遍压光**　在砂浆终凝前进行，即人踩上去稍有脚印，用抹子压光无抹痕时，用铁抹子把前遍留下的抹纹全部压平、压实、压光（图 1-25），达到交活的程度为止。

图 1-25　水泥混凝土面层压光

（8）**养护**　视气温高低在面层压光交活 24h 内，铺锯末或草袋护盖，并洒水保持湿润，养护时间不少于 14d。

（9）**抹踢脚板**　一般在抹地坪面层前施工。有墙面抹灰层的，底层和面层砂浆宜分两次抹成；无墙面抹灰层的，只抹面层砂浆。抹底层砂浆应先清理基层，洒水湿润，然后按标高线量出踢脚板标高，拉通线确定底灰厚度，贴灰饼，抹 1：3 水泥砂浆，刮板刮平，搓毛，浇水养护。抹面层砂浆应在底层砂浆硬化后，拉线粘贴靠尺板，抹 1：2 水泥砂浆，用刮板紧贴靠尺垂直于地面刮平，用铁抹子压光，阴阳角、踢脚板上口，用角抹子溜直压光。

4. 施工总结

① 面层施工应防止碰撞损坏门框、管线、预埋铁件、墙角及已完活的墙面抹灰等。

② 施工时注意保护好管线、设备等的位置，防止变形、移位。

③ 操作时注意保护好地漏、出水口等部位，做临时堵口或覆盖，以免灌入砂浆等造成堵塞。

④ 事先埋设好预埋件，已完活的地面不准再剔凿孔洞。

⑤ 面层养护期间，不允许车辆行走或堆压重物。

⑥ 不得在已做好的面层上搅拌砂浆、调配涂料等。

⑦ 面层表面应清洁，无裂缝、脱皮、麻面和起砂现象。

⑧ 地漏和面层排水坡度应符合设计要求，不倒泛水，无渗漏，无积水，与地漏（管道）

结合处严密平顺。

⑨ 踢脚板高度一致，出墙厚度均匀，与墙面结合牢固，局部如有空鼓，空鼓长度不大于 200mm，且在一个检查范围内不多于两处。

⑩ 水泥砂浆面层的允许偏差及检验方法见表 1-2。

表 1-2　水泥砂浆面层的允许偏差和检验方法

项目	允许偏差/mm	检验方法
表面平整度	4	用 2m 靠尺和楔形塞尺检查
踢脚板上口平直	4	拉 5m 线尺量检查
板块行列（接缝）直线度	3	拉 5m 线尺量检查

二、聚合物彩色水泥面层施工

1. 施工现场图

聚合物彩色水泥面层施工现场见图 1-26。

图 1-26　聚合物彩色水泥面层施工现场

2. 注意事项

① 面层涂抹时，室内气温应在 10℃ 以上，温度不能太低，以保证正常硬化。

② 面层使用颜料应注意严格控制同一部位采用同一厂、同一批的质量合格的颜料，并设专人配料、计量，水泥和颜料应搅拌均匀，使其色泽一致，以防止面层出现颜色深浅不一、褪色、失光等瑕疵。

③ 涂塑面层的水泥砂浆基层表面应平整、坚实、洁净、干燥，并不得有空鼓，不起砂、不开裂、无油脂，含水率不应大于 9%。用 2m 直尺检查，其允许空隙不大于 2mm，以保证涂饰的质量。

3. 施工做法详解

工艺流程 》》》》

涂料配制→清理基层→涂抹施工→抹平压光→养护→做花饰。

（1）**涂料配制**　涂塑彩色水泥面层常用施工配合比见表 1-3。配制时先将水与颜料拌匀，用 0.25mm 孔筛过滤，然后加 108 胶拌匀，再掺入水泥搅匀即可。涂料应随调随用，在 1h 内用完。

表 1-3　涂塑彩色水泥面层常用施工配合比（质量比）

项目		32.5强度等级普通水泥	108胶	水	颜料
底层腻子		100	15～25	30～40	0～3
方法一	底层	100	30	40	0
	面层	100	20	35	5
方法二	底层	100	25	35～40	0～3
	面层	100	20	45～50	0～3.5
方法三	底层	100	20	30～35	4～5
	面层	底漆:带色氯偏乳液;面漆:透明氯偏乳液			

注：铁红色掺氧化铁红；橘红色掺氧化铁红、氧化铁黄各半；橘黄色掺氧化铁红2.5%，氧化铁黄7.5%；绿色掺氧化铬绿。

图 1-27　涂抹施工现场

（2）**清理基层**　基层残留砂浆、浮灰及油渍应洗刷干净，凹凸不平及裂缝、起砂处用腻子嵌填，刮抹修补平整。

（3）**涂抹施工**　涂抹一般分四层，一层底层，三层面层，每层厚 0.5～0.6mm，总厚 2.0～2.4mm。涂抹时，先在基层刷一度 108 胶水溶液（108 胶：水＝1：3），待稍干后用橡皮刮板将涂料用力均匀涂在基层上，使其结合密实（图 1-27）。涂刷从一侧向另一侧边赶边刮压找平，收干后用铁抹子压实走匀，第二～第四遍纵横交错涂刮，注意找平与接槎，每遍间隔 1～2h，稍干用零号砂纸磨去印痕。

（4）**抹平压光**　最后一遍仔细抹平压光，隔天用零号砂纸或油磨石磨平至光滑为止，并用布揩擦干净。

（5）**养护**　成活 24h 后，洒水养护，每天 3～4 次，时间不少于 7d。

（6）**做花饰**　如面层刻花或做图案，在面层干 1～2d 后，按划格弹线，用碳素铅笔按线加粗加深，或绘木纹，或用合金刀具刻划出纹路。待涂层完全干透（一般 3d 以上）后，刷带色氯偏乳液一遍，表面再罩透明氯偏乳液、树脂乳液涂料或清漆一遍，干燥后，使用前打蜡两遍。

4. **施工总结**

① 涂塑层表面应平整、清洁、光亮；涂抹均匀，厚薄、颜色一致，花饰图案清晰；不得有漏抹及麻点等缺陷。用 2m 直尺检查，其允许空隙为 2mm。

② 涂塑层应黏结牢固，封闭严密，不得有露底、起鼓、脱落、起泡、开裂等现象。

三、细石混凝土面层施工

1. 示意图和施工现场图

细石混凝土楼地面构造示意和施工现场分别见图 1-28 和图 1-29。

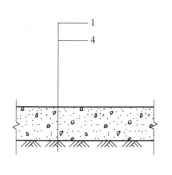
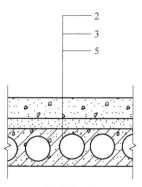

(a) 地面工程   (b) 楼面工程

图 1-28　细石混凝土楼地面构造示意

1—混凝土面层兼垫层；2—细石混凝土面层；3—水泥类找平层；

4—基土（素土夯实）；5—楼层结构（空心板或现浇板）

2. 注意事项

① 面层振捣或辊压出浆后，应注意不得在其上撒干水泥面，必须撒水泥砂子干面灰刮平抹压，以免造成面层起皮和裂纹。

② 面层施工应注意不得使用强度等级不够或过期的水泥；配制混凝土应严格控制水灰比，坍落度不得过大，铺抹时不得漏压或欠压，养护要认真和及时，以免造成地面起砂。

③ 为了防止面层出现空鼓、开裂，施工中应注意使用的砂子不能过细，基层必须清理干净，认真洒水湿润；刷水泥浆层必须均匀；铺灰间隔时间不能过长，抹压必须密实，不得漏压，并掌握好时间，养护应及时等。

图 1-29　细石混凝土面层施工现场

④ 厕浴间、厨房等有地漏的房间要在冲筋时找好泛水，避免地面积水或倒流水。

3. 施工做法详解

工艺流程 >>>>>

清理基层→冲筋贴灰饼→配制混凝土→铺混凝土→撒水泥砂子干面灰→第一遍抹压→第二遍抹压→第三遍抹压→养护→分格缝压抹→施工缝处理→垫层或楼面兼面层施工。

图 1-30　细石混凝土面层做灰饼

（1）**清理基层**　将基层表面的泥土、浮浆块等杂物清理冲洗干净，楼板表面有油污，应用 5%～10% 浓度的火碱溶液清洗干净。浇铺面层前 1d 浇水湿润，表面积水应予扫除。

（2）**冲筋贴灰饼**　小面积房间在四周根据标高线做出灰饼（图 1-30），大面积房间还应每隔 1.5m 冲筋，有地漏时，要在地漏四周做出 0.5% 的泛水坡度；灰饼和冲筋均用细石混凝土制作，随后铺细石混凝土。

（3）**配制混凝土** 细石混凝土的强度等级不应小于 C20，其施工参考配合比见表 1-4，应用机械搅拌，搅拌时间不少于 1min，要求搅拌均匀，坍落度不宜大于 30mm。混凝土应随拌随用。

表 1-4 面层混凝土施工配合比

混凝土强度等级	砂率/%	坍落度/cm	配合比					
			水泥		砂用量/(kg/m³)	石子		水用量/(kg/m³)
			强度等级	用量/(kg/m³)		规格/mm	用量/(kg/m³)	
C20	38.0	1～3	32.5	333	666	5～15	1152	198
	36.0	1～3	42.5	310	679	5～15	1178	198
C30	37.0	1～3	42.5	380	640	5～15 3～6	1089 533	217
	37.0	1～3	42.5	445	626	5～15	533	110

（4）**铺混凝土** 铺时预先用木板隔成宽不大于 3m 的区段，先在已湿润的基层表面均匀扫一道（图 1-32）素水泥浆，随即分段按顺序铺混凝土，随铺随用长木杠刮平拍实（图 1-13），表面塌陷处应用细石混凝土补平，再用长木杠刮一次，用木抹子搓平（图 1-31）。紧接着用平板振动器振捣密实，或用 30kg 重铁辊筒纵横交错来回滚压 3～5 遍，直至表面出浆为止，然后用木抹子搓平。

图 1-31 混凝土用木抹子搓平

（5）**撒水泥砂子干面灰** 木抹子搓平后，在细石混凝土面层上均匀地撒 1:1 干水泥砂，待灰面吸水后再用长木杠刮平，用木抹子搓平。

（6）**第一遍抹压** 用铁抹子轻压面层，将脚印压平。

（7）**第二遍抹压** 当面层开始凝结，地面上有脚印但不下陷时，用铁抹子进行第二遍抹压，尽量不留波纹。

（8）**第三遍抹压** 当面层上人稍有脚印，而抹压无抹纹时，应用钢皮抹子进行第三遍抹压，抹压时要用力稍大，将抹子纹痕抹平压光为止，压光时间应控制在终凝前完成。

（9）**养护** 第三遍抹压完 24h 后，可满铺湿润锯屑或其他材料覆盖养护，每天浇水两次，时间不少于 7d。

（10）**分格缝压抹** 有分格缝的面层（图 1-33），在撒 1:1 干水泥砂后，用木杠刮平和木抹子搓平，然后应在地面上弹线，用铁抹子在弹线两侧 20mm 宽的范围内各抹压一遍，再用溜缝抹子划缝，以后随大面压光时沿分格缝用溜缝抹子抹压两遍，然后交活。

（11）**施工缝处理** 细石混凝土面层不应留置施工缝。当施工间歇超过允许时间规定时，在继续浇筑混凝土时，应对已凝结的混凝土接槎处进行处理，刷一层素水泥浆，其水灰比为 0.4～0.5，再浇筑混凝土，并应捣实压平，不显接头槎。

（12）**垫层或楼面兼面层施工** 应采用随捣随抹的方法。当面层表面出现泌水时，可加干拌的水泥和砂进行撒匀，其水泥与砂的体积比宜为 1:（2.0～2.5），并应用以上同样的方法进行抹平和压光工作。

图 1-32 长木杠刮平施工　　　　　　　图 1-33 有分格缝的面层

4. 施工总结

① 地面上铺设的电线管，暖、卫立管应有保护措施。地漏、出水口等部位要安放临时堵头保护，以防进入杂物造成堵塞。

② 混凝土面层养护期间不得在其上行人、运输材料。

③ 运输材料用的手推胶轮车不得碰撞门框、墙面抹灰和已完工的楼地面面层。

④ 不得在已做好的混凝土面层上搅拌混凝土或砂浆。

⑤ 门窗油漆不得沾污已完工的地面面层、墙面和明露的管线。

⑥ 坡度应符合设计要求，不倒泛水，无渗漏、无积水，与地漏（管道）结合处严密平顺。

四、预制水磨石面层施工

1. 示意图和施工现场图

水磨石面层构造示意和施工现场分别见图 1-34 和图 1-35。

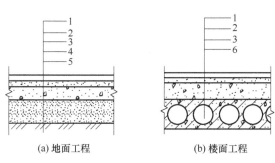

(a) 地面工程　　　　　　(b) 楼面工程

图 1-34 水磨石面层构造示意

1—水磨石面层；2—1：3 水泥砂浆结合层；3—找平层；
4—垫层；5—基土（分层夯实）；6—楼层结构层

图 1-35 水磨石面层施工现场

2. 注意事项

① 面层铺设板块，应按颜色、花纹、品种、规格进行分类，强度和品种不同的板块不得混杂使用。

② 地面基层必须注意认真清理，并充分湿润；板背面应湿润；素水泥浆应涂刷均匀，涂刷时间不得过长；结合层砂浆必须用干硬性砂浆，铺抹应饱满，不能过薄；水灰比不能过大，以防止造成空鼓现象。

③ 面材预制板试铺时应严格挑选板材，使厚薄、宽窄一致；铺时应仔细调整，分缝必须拉通长线加以控制，避免出现接缝不平不直、缝隙不匀等缺陷。

④ 铺设时如由于板块本身不平或铺贴操作不当，或铺贴后过早上人等原因，造成板块间高低缝过大，超过允许偏差时，应采取机磨的方法处理，并打蜡擦光。

3. 施工做法详解

工艺流程 ▶▶▶▶

清理基层、定位、排板→板浸水和砂浆拌制→基层湿润和刷结合层→铺找平层和预制水磨石板→养护→镶贴踢脚板。

（1）清理基层、定位、排板

① 将基层表面的浮土、浆皮清理干净，油污清洗掉。

② 从走道统一往各房间内引进标高线，从房间四周取中拉十字线（或在地面弹上十字线，如图 1-36 所示），铺好分块标准块，与走道直接连通的房间应拉通线，分块布置应对称。走道与房间使用不同颜色的水磨石板时，分色线应留在门口处。

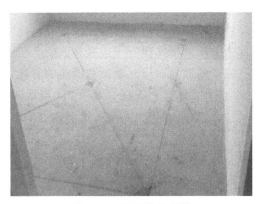

图 1-36　地面弹十字线

③ 按房间长宽尺寸和水磨石板的规格、缝宽进行排板，确定所需块数，必要时，绘制施工大样图，以避免正式铺设时出现游丁走缝、缝隙不匀、四周靠墙不匀称等缺陷。

（2）板浸水和砂浆拌制

① 板块在铺砌前，背面应预先刷水湿润，并晾干码放，使其铺时面干内潮。

② 找平层用 1∶3 干硬性水泥砂浆，用机械搅拌，要求严格控制加水量，并搅拌均匀。拌好的砂浆以手捏成团，松后即散为宜；应随拌随用，一次不宜拌制过多。

（3）基层湿润和刷结合层

① 基层表面清理干净后，铺前 1d 洒水湿润，但不得有积水。

② 铺砂浆时随刷一度水灰比为 0.5 左右的素水泥浆，要求涂刷均匀。

（4）铺找平层和预制水磨石板

① 先从已确定的十字拉线交叉处最中间的一块作为标准块进行铺砌，如十字线恰为中缝，则可在十字线交叉点对角线安放两块标准块，作为整个房间的水平和经纬标准；铺砌时应用直角尺和水平尺仔细校正。

② 铺砌标准块后，即可根据已确定的十字基准线向两侧和后退方向顺序逐块进行铺砌。铺时先刷水泥浆一度，铺 1∶3 干硬性水泥砂浆，厚度以 2.5～3.0cm 为宜，用铁抹子拍实抹平，然后进行预制水磨石板试铺，对好纵横缝，用橡皮锤敲板中间，振实砂浆至铺设高度

后，将板掀起移至一边，检查砂浆上表面，如与板底密合（如有空隙应用砂浆填补），满浇
一层水灰比为 0.5 左右的素水泥浆（或稠度为 60～80mm 的 1：1.5 水泥砂浆）结合层，再铺水磨石板（图 1-37），铺时要四角同时落下，用橡皮锤轻敲，随时用水平尺或直板尺找平。

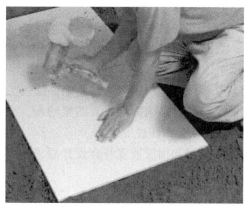

③ 板块间的缝宽一般不应大于 2mm，铺时要拉通长线对板缝的平直度进行控制。安装好的预制水磨石板应整齐平稳，横竖缝对齐。

（5）**养护**　预制水磨石板铺完 24h 后，用素水泥浆灌缝 2/3 高，再用同色水泥浆擦缝，并用干锯屑将板块擦亮，铺上湿锯屑覆盖养护，3d 内禁止上人。

图 1-37　水磨石板铺设施工

（6）**镶贴踢脚板**

① 安装前先将踢脚板背面预刷水湿润，晾干。如设计要求阳角处的踢脚板成 45°相交时，在安装前应将板一端切割成 45°角。

② 镶贴方法主要有灌浆法和粘贴法两种。

a. 灌浆法。将墙面清扫干净、浇水湿润，镶贴时在墙两端各镶贴一块踢脚板，其上端高度在同一水平线上，出墙厚度应一致。然后沿两块踢脚板上端拉通线，逐块依顺序安装，随装随时检查踢脚板的平直度和垂直度，使表面平整，接缝严密。在相邻两块之间及踢脚板与地面、墙面之间用石膏作临时固定，待石膏凝固后，随即用稠度为 8～12cm 的 1：2 稀水泥砂浆灌注，并随时将溢出的砂浆擦净，待灌入的水泥砂浆凝固后，把石膏剔去，清理干净后，用与踢脚板颜色一致的水泥砂浆填补擦缝。踢脚板之间的缝宜与地面水磨石板对缝镶贴。

b. 粘贴法。根据墙面上冲筋和标准水平线，用 1：2 或 1：3 水泥砂浆打底、刮平、划毛，待底灰干硬后，将已湿润、阴干的踢脚板背面抹上 2～3mm 厚水泥浆或掺加 10％108 胶的聚合物水泥浆，逐块由一端向另一端往底灰上进行粘贴（图 1-38），并用木锤敲实，按拉线找平找直，24h 后用同色水泥浆擦缝，将余浆擦净。

图 1-38　踢脚板粘贴现场

4. **施工总结**

① 板块材存放时不得淋雨、长期泡水及日晒；一般应立放，光面相对，底部用木方支垫，运输时轻拿轻放。

② 面层完成后房间应封闭，不能封闭的过道应在面层上覆盖草垫、塑料编织袋、锯末等保护。

③ 严禁在已完成的面层上拌制砂浆，堆放材料、油漆桶及其他杂物。

④ 运输材料时，应注意不得碰撞门框及墙面，保护好水暖立管、预留孔洞、电线盒等不被碰坏、堵塞。

⑤ 室内油漆、刷浆时，应保护已完工的面层不被污染。

⑥ 面层要求表面洁净，图案清晰，色泽一致，光滑明亮，接缝均匀，周边顺直，板块无裂纹、掉角和缺棱等现象。

⑦ 地漏和面层坡度符合设计要求，不倒泛水，无积水，与地面（管道）结合处严密牢固，无渗漏。

⑧ 踢脚线表面清洁，接缝平整均匀，高度一致，结合牢固，出墙厚度应适宜且基本一致。

⑨ 楼地面镶边用料及尺寸符合设计要求和施工规范的规定，边角应整齐、光滑。

⑩ 预制水磨石面层的允许偏差及检验方法见表1-5。

表 1-5　预制水磨石面层的允许偏差及检验方法

项目	允许偏差/mm		检验方法
	高级水磨石	普通水磨石	
表面平整度	2	3	用2m靠尺和楔形塞尺检查
板块行列(接缝)直线度	3	3	拉5m线，不足5m拉通线和尺量检查
相邻两块板的高度差	1	1	尺量和楔形塞尺检查
踢脚线上口平直	3	4	拉5m线，不足5m拉通线和尺量检查
板块间隙宽度	2	2	尺量检查

五、陶瓷锦砖（马赛克）面层施工

1. 施工现场图

陶瓷锦砖（马赛克）面层施工现场见图1-39。

图 1-39　陶瓷锦砖（马赛克）面层施工现场

2. 注意事项

① 铺砌时，不同品种、规格的陶瓷锦砖不得混杂使用，严禁散装散放，防止受潮。

② 面层铺设宜整间一次连续操作完成，应在水泥浆结合层终凝前完成拔缝工作；大面

积面层如一次不能镶铺完，应该将已完部分接槎切齐，并清理干净，交接处要注意整平。

③ 陶瓷锦砖底面应清洁，每联陶瓷锦砖之间，与结合层之间以及在墙角、镶边和靠墙处，应紧密贴合，不得有空隙，在靠墙处不得采用砂浆填补。

④ 已完面层上的砂浆，应随手清除干净，严禁在已经铺好的陶瓷锦砖面层上拌制水泥砂浆，以防止污染、损伤面层。

⑤ 未用完的陶瓷锦砖应及时装入纸箱，不可到处乱扔。

⑥ 面层镶铺应注意防止出现空鼓和脱层现象。一般预防措施为：基层必须清理干净；做找平层时必须浇水湿润；刷素水泥浆一度，找平层做完之后，应跟着做面层以防止污染；锦砖铺前刮的水泥浆层应防止风干，薄厚要均匀；面层镶铺后应用木拍板、木锤拍实一遍，使其与基层密合。

⑦ 面层铺设前应注意严格挑选陶瓷锦砖，在同一房间应使用长宽相同的整张陶瓷锦砖，以防止造成缝格不匀。

⑧ 铺厕浴间面层时，应注意保护地面防水层；穿楼板的管洞应堵实并加套管，与防水层连接应严密，以防止造成地面渗漏现象。

地面防水层施工

扫码观看视频

3. 施工做法详解

工艺流程 ▶▶▶▶

清理基层→做灰饼冲筋→做底灰→铺贴陶瓷锦砖→刷水、揭纸→拔缝、灌缝→养护。

(1) 清理基层

① 基层表面的泥土、浮浆、灰渣及其他垃圾杂物应清除干净。如有松散颗粒、浮皮，必须凿除或用钢丝刷刷至外露结实面为止，凹洼处应用砂浆补抹平，油污应擦净。

图1-40　冲筋施工现场

② 铺前1d，将基层浇水湿润。

(2) 做灰饼冲筋

① 根据墙面水平线，在地面四周拉线，在四角基层上用1:3水泥砂浆做灰饼，灰饼上平面应低于面层标高一块陶瓷锦砖的厚度，在房间四周冲筋，房间中间每隔1.5m左右补灰饼，并连接灰饼，做纵向或横向冲筋（标筋），如图1-42所示。灰饼及冲筋用干硬性水泥砂浆分别抹成50mm见方和宽50mm左右的条状。

② 有地漏者应由墙四周向其做放射状冲筋，坡度按设计定或采用0.5%～1.0%的坡度。无地漏者其门洞口处一般应比最里边低5～10mm，以免积水。

(3) 做底灰

① 做完冲筋后在基层上均匀洒水湿润，刷一度水灰比0.4～0.5的素水泥浆（图1-41），须薄且匀，一次面积不宜过大，必须随刷随铺底灰（找平层）。

② 底灰用1:3（体积比，下同）干硬性水泥砂浆，稠度以手捏成团，落地开花为宜，厚度为20～25mm。铺后先用铁抹子将水泥砂浆摊开拍实，再用2m木刮杠按冲筋刮平，然后再用木抹子拍实搓平，顺手划毛。

③ 有地漏的房间，应按排水方向找出0.5%～1.0%坡度的泛水。

④ 底灰完成以后，用2m靠尺和楔形塞尺检查，表面平整度偏差应在2mm以内。

图 1-41　刷素水泥浆施工现场

（4）铺贴陶瓷锦砖

① 对铺设的房间检查净空尺寸，找好方正，在底灰（找平层）上弹（拉）出方正的纵横控制线。铺陶瓷锦砖按找平层的软硬，有软底铺贴和硬底铺贴两种操作工艺。在当日抹好的找平层上铺锦砖称为软底铺贴；在已完全硬化的找平层上铺锦砖称为硬底铺贴。找方正时，在硬底上可弹控制线，在软底上拉控制线。一般小面积多采用软底铺贴；大面积多采用硬底铺贴。弹线尺寸按陶瓷锦砖每联（张）实际长、宽及设计铺砌图形、房间净空大小等计算控制，由房间中心向两边进行，尽量用整联（张），当不足整联时，可在墙根四周一圈用扁凿裁条嵌齐，毛边在做踢脚线时盖住。与邻房或走道连通时，应拉通线对缝对花。陶瓷锦砖铺贴施工现场见图 1-42。

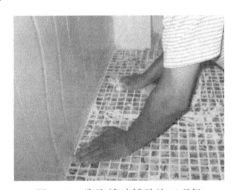

图 1-42　陶瓷锦砖铺贴施工现场

② 在"硬底"上铺设锦砖时，先洒水湿润后刮一道 2～3mm 厚的水泥浆（宜掺水泥重20％的 108 胶）；在"软底"上铺贴锦砖时，应浇水泥浆，用刷子刷均匀。应注意水泥浆结合层要随刷随贴，不应间隔时间过久。

③ 在水泥浆未初凝前铺陶瓷锦砖，应从里向外沿控制线进行，铺时用刷子蘸水将锦砖背面稍湿润，薄抹素水泥浆一道，随即将锦砖纸面朝上、背面朝下对正控制线，依次铺贴，紧跟着用手将纸面铺平，用拍板拍实，使水泥浆进入锦砖的缝内，直至纸面上出砖缝为止。

④ 铺贴锦砖面层时，多采用退步法，也可站在已铺好锦砖的垫板上，顺序向前铺贴，铺到尽端。如果稍紧，可把纸切开，均匀挤缝；如果出现缝隙，则可把纸切开，均匀展缝。当调缝仍不能解决，则可用合金凿子裁条嵌齐。

⑤ 整间（或一段）铺好后，用锤子和拍板，由一端开始依次拍击一遍，并须拍平拍实，

要求拍至水泥浆填满缝隙为止。同时修理好四周边角，将锦砖地面与其他地面接槎处的门口修好，保证接槎平直。

（5）**刷水、揭纸**

铺完后紧接着在纸面上均匀地刷水，在常温下经 15～30min，待纸湿透，即可依次把纸揭掉，用开刀清掉纸毛。

（6）**拔缝、灌缝**

① 揭纸后，及时检查缝隙是否均匀，如不顺直，用小靠尺比着开刀轻轻地拔顺、调直，先调竖缝，后调横缝，边调边用锤子敲垫板拍平拍实；同时检查有无掉粒现象，并及时将缺少的锦砖粘贴补齐。

② 拔缝后次日，用棉纱蘸与锦砖同颜色的素水泥浆（或 1∶1 水泥砂浆），将缝隙擦嵌平实（图 1-43），并随手将表面污垢和灰浆用棉纱头擦洗干净。

图 1-43 缝隙擦嵌平实

（7）**养护** 铺贴完 24h 后，应用干净湿润的锯末护盖，养护不少于 7d。

4. **施工总结**

① 陶瓷锦砖铺砌完后，必须待找平层、黏结层养护达到一定强度后，方可在其上进行其他工序作业，并应铺垫覆盖物，对面层加以保护。

② 刚铺完的面层应避免太阳曝晒，室内宜适当通风，覆盖锯末宜一直保持到交工前为止。

③ 剔裁陶瓷锦砖应用垫板，严禁在已铺面层上剔裁。

④ 手推车运料应注意保护门框和已完面层，小车腿应用胶皮或布包裹。

⑤ 面层发现个别颗粒松动，应及时修补，以防止扩展。

⑥ 在已完面层上进行油漆和刷浆，应采取措施防止污染面层。

⑦ 常温下一个区间的整个操作过程宜在 4h 内连续完成，不宜在砖面上行车或堆放重物，必需时，应在上面铺较平整的木垫板。

⑧ 要求面层表面平整、洁净，图案清晰，色泽一致，接缝均匀，周边顺直，无裂纹、掉角、缺棱、脱层、缺粒等现象。

⑨ 地漏和地层坡度符合设计要求，不倒泛水，无积水，与地漏（管道）结合处严密牢固，无渗漏。

⑩ 踢脚线表面洁净，接缝平整均匀，高度一致，结合牢固，出墙厚度应适宜且基本一致。

⑪ 与各种面层邻接处的镶边用料及尺寸，应符合设计要求和施工规范的规定，边角应整齐、光滑。

⑫ 陶瓷锦砖（马赛克）面层允许偏差及检验方法见表 1-6。

表 1-6　陶瓷锦砖（马赛克）面层允许偏差及检验方法

项目	允许偏差/mm	检验方法
表面平整度	2	用 2m 靠尺和楔形塞尺检查
板块行列(接缝)直线度	3	拉 5m 线,不足 5m 拉通线和尺量检查
相邻两块板的高度差	1	尺量和楔形塞尺检查
踢脚线上口平直	3	拉 5m 线,不足 5m 拉通线和尺量检查
板块间隙宽度	2	尺量检查

六、大理石（花岗石）及碎拼大理石面层施工

1. 施工现场图

大理石面层施工现场见图 1-44。

图 1-44　大理石面层施工现场

2. 注意事项

① 大理石（花岗石）试拼应在平整的房间或工棚内进行，搬动调整板块的人员应穿软底鞋。

② 铺砌板块过程中，操作人员应做到随铺砌随擦干净。揩净板块应用软毛刷和干布。

③ 在已铺好的面层上行走时，找平层水泥砂浆的强度应达到 1.2MPa 以上。

④ 剔凿和切割板块时，下边应垫木板。

3. 施工做法详解

（1）大理石（花岗石）面层

工艺流程 ➤➤➤➤

清理基层→找标高、弹线→试拼和试排→铺找平层砂浆→铺大理石板→灌缝、擦缝→养护→打蜡。

① 清理基层　将基层表面的积灰、油污、浮浆及杂物等清理干净。如局部凹凸不平，应将凸处凿平，凹处用 1：3 砂浆补平。

② 找标高、弹线　从过道统一往各房间内引进标高线。然后在房间主要部位垫层上弹互相垂直的控制十字线，并引至墙面底部，作为检查和控制大理石（花岗石，下同）板块位置的准绳。

③ 试拼和试排　铺设前对每一房间的大理石（花岗石）板块，按图案、颜色、拼花纹理进行试拼。试拼后按两个方向编号排列，然后按编号码放整齐。为检验板块之间的缝隙，核对板块与墙面、柱、洞口等的相互位置是否符合要求，一般还进行一次试排，在房间内的两个相互垂直的方向，铺两条宽大于板的干砂带，厚不小于 30mm，根据图纸要求把大理石板块排好，试排好后编号码放整齐，并清除砂带。

④ 铺找平层砂浆　按水平线定出面层找平层厚度，拉好十字线，即可铺找平层水泥砂浆（图 1-45）。一般采用 1：3 的干硬性水泥砂浆，稠度以手捏成团，不松散为宜。铺前洒水湿润垫层，扫水灰比为 0.4～0.5 的素水泥浆一度，随即由里往门口处摊铺砂浆，铺好后刮

大杠、拍实，用抹子找平，其厚度适当高出按水平线定的找平层厚度1~2mm。

⑤ 铺大理石板

a. 铺砌顺序一般按线位先从门口向里纵铺和房中横铺数条作标准，然后分区按行列、线位铺砌，亦可从室内里侧开始，逐行逐块向门洞口倒退铺砌（图1-46），但应注意与走道地面的接合应符合设计要求。当室内有中间柱列时，应先将柱列铺好，再沿柱列两侧向外铺设。铺设时，必须按试拼、试排的编号板块"对号入座"。

图1-45　铺找平层水泥砂浆

图1-46　大理石板铺设现场

b. 铺前将板块预先浸湿阴干后备用。铺时将板块四角同时平放在铺好的干硬性找平水泥砂浆层上，先试铺合适后，翻开板块在水泥砂浆上浇一层水灰比为0.5的素水泥浆，然后将板块轻轻地对准原位放下，用橡皮锤或木锤轻击放于板块上的木垫板使板平实，根据水平线用铁水平尺找平，使板四角平整，对缝、对花符合要求。铺完后，接着向两侧和后退方向顺序镶铺，直至铺完为止。如发现空隙，应将石板掀起用砂浆补实后再行铺设。大理石板块之间的接缝要严，一般缝隙宽度不应大于1mm，或按设计要求。

⑥ 灌缝、擦缝　在板铺砌完1~2d后开始。应先按板材的色彩用白水泥和颜料调成与板材色调相近的1:1稀水泥浆，装入小嘴浆壶徐徐灌入板块之间的缝隙内，流在缝边的浆液用牛角刮刀喂入缝内，至基本饱满为止。1~2h后，再用棉纱团蘸浆擦缝至平实光滑。黏附在板面上的浆液随手用湿棉纱擦净。接缝宽度较大者，宜先用1:1水泥砂浆（用细砂）填缝至2/3板厚，然后再按设计要求的颜色用水泥色浆嵌擦密实，并随手用湿棉纱擦净落在板面上的砂浆。

⑦ 养护　灌浆擦缝完24h后，应用干净湿润的锯末覆盖，喷水养护不少于7d。

⑧ 打蜡　当结合层水泥砂浆强度达到要求、各道工序完工不再上人时，方可打蜡（图1-47）。打蜡应光滑、洁净、明亮。

（2）碎拼大理石面层

工艺流程

清理基层→找标高、弹线→试拼和试排→铺找平层砂浆→铺砌→灌缝、擦缝→磨光。

① 基层处理与大理石板铺贴基本相同。

图1-47 大理石打蜡施工现场

地砖拼花工艺

扫码观看视频

② 根据设计要求的规格、颜色，挑选碎块大理石块，有裂缝、风化痕迹的剔除不用。同时按设计要求的图案，结合开间尺寸，在基层上弹线后进行试拼，确定缝隙大小及排列方式。

③ 碎块大理石铺在水泥砂浆找平层（结合层）上，可分仓或不分仓铺砌，亦可镶嵌分格条。为使边角整齐，应选用一边有直边的板材沿分仓或分格线铺砌，并以此控制面层标高和基准点。铺砌时，先在清理干净的基层（垫层）上洒水湿润，扫素水泥浆一度，接着铺干硬性水泥砂浆找平层，根据图案和试拼的缝隙或按"碎块形状、大小相似，自然排列"的原则铺砌碎块大理石，其方法同大理石面层。当为冰块状块料时，块料间的缝隙可大可小，互相搭配，缝宽一般为20～30mm。铺砌时，随时清理缝内挤出的砂浆，以利填嵌水泥砂浆或水泥石粒浆。

④ 铺砌1～2d后进行灌缝。根据设计要求，灌水泥砂浆时，厚度与碎块大理石上面齐平，并将表面找平压光。如果采用磨平磨光面层，灌水泥石粒浆时，应比碎块大理石面凸出2mm，待达到一定强度后，再用细磨石将凸缝磨平。

⑤ 磨光一般四遍，各遍要求及打蜡操作工艺同预制水磨石面层做法。

4. 施工总结

① 冬期铺设面层时施工环境温度不宜低于5℃。必须冬期铺设时，应采取保暖抗冻措施，保证其在冷却至冻结温度前砂浆达到设计强度的20%以上。

② 板块材铺砌前应进行选板试拼，有裂缝、掉角、翘曲和表面有缺陷的板块应剔除，强度和品种不同的板块不得混杂使用。

③ 面层铺设应防止板面与基层出现空鼓现象，操作中应注意垫层表面应用钢丝刷清扫干净，浇水湿润并均匀涂刷一度素水泥砂浆，找平层的厚度不宜过薄，最薄处不得小于20mm，砂浆铺设必须饱满，水灰比不宜过大，同时注意不得过早上人踩踏等，以避免发生空鼓。

④ 由于板块本身不平或厚度偏差过大（大于±0.5mm），或铺贴时操作不当，未能很好地找平或铺贴后过早上人踩踏等原因，施工中常出现相邻两块板高低不平的现象。施工中应精心操作，针对原因注意防止；已发生高低不平的应进行处理，用磨光机仔细磨光并打蜡擦光。

⑤ 由于房间尺寸不方正，铺贴时没有准确掌握板缝，以及选料尺寸控制不够严格等原因，有时墙边会出现大小头（老鼠尾）。施工中应注意在房间抹灰前必须找方后冲筋，与大理石面层相互连通的房间应按同一互相垂直的基准线找方，严格按控制线铺砌。

⑥ 在镶贴踢脚板时，必须注意拉线铺砌，控制其平整度，以防踢脚板出墙厚度不一致。

⑦ 大理石（花岗石）面层应表面洁净、平整、坚实，图案清晰，光亮光滑，色泽一致，接缝均匀，周边顺直，板块无裂纹、掉角和缺棱等现象。碎拼大理石面层颜色协调，间隙适宜，磨光一致，无裂纹、坑洼和磨伤。

⑧ 板材间与结合层以及在墙角、镶边和靠墙、柱处，均应紧密砌合，不得有空隙。

⑨ 地漏和面层坡度应符合设计要求，不倒泛水，无积水，与地漏结合处严密牢固，无

渗漏。

⑩ 踢脚线表面洁净，接缝平整均匀，高度一致，结合牢固，出墙厚度适宜且基本一致。

⑪ 镶边用料及尺寸应符合设计要求和施工规范的规定，边角整齐、光滑。

⑫ 大理石（花岗石）及碎拼大理石面层的允许偏差及检验方法见表 1-7。

表 1-7　大理石（花岗石）及碎拼大理石面层的允许偏差及检验方法

项目	允许偏差/mm		检验方法
	大理石	碎拼大理石	
表面平整度	1	3	用 2m 靠尺和楔形塞尺检查
板块行列(接缝)直线度	2	—	拉 5m 线，不足 5m 拉通线和尺量检查
相邻两块板的高度差	0.5	—	尺量和楔形塞尺检查
踢脚线上口平直	1	—	拉 5m 线，不足 5m 拉通线和尺量检查
板块间隙宽度	1	—	尺量检查

七、塑料板面层施工

1. 示意图和施工现场图

双层复合塑料地板结构示意和塑料板面层施工现场分别见图 1-48 和图 1-49。

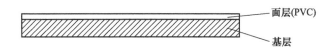

图 1-48　双层复合塑料地板结构示意

2. 注意事项

① 塑料板材铺贴后，如遇太阳直接曝晒应予遮挡，以防局部干燥过快使板变形和褪色。

② 开水壶、热锅、火炉、电热器等不得直接与塑料板接触，以免烫坏、烧焦面层或造成翘曲、变色。

③ 清除表面油污时，不可用刀刮，应用皂液擦洗或用醋酸乙酯或松节油清除，严禁用酸性洗液揩擦。

④ 面层铺贴完毕，在养护期间应避免污染或用水清洗表面，必要时用塑料薄膜盖压地面，以防污染。

⑤ 电工、油漆工作业时，使用爬梯、凳架等的地脚要包裹软性材料保护，防止重压划伤地面。

图 1-49　塑料板面层施工现场

⑥ 施工过程中，应防止金属锐器、玻璃、瓷片、鞋钉等硬物磕碰或磨损面层。

⑦ 局部受损坏或脱层应及时更换、修补，重新粘贴，防止其发展。

3. 施工做法详解

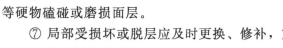

清理基层和板材→找规矩、弹线、预拼→配制胶黏剂→刷胶→塑料板面层的铺贴→塑料踢脚板的铺贴→养护、擦光上蜡。

（1）清理基层和板材

① 铺贴前，应彻底清除基层表面残留的砂浆、尘土、砂粒及油污，并用扫帚和湿布扫抹干净（图 1-50）。

② 基层表面如局部地区有起砂、麻面、裂纹及凹凸不平超过 2mm 者，应用钢丝球刷除松散部分，清扫干净后，再用吸尘器或皮搋子清除积灰，用聚醋酸乙烯乳胶（或 108 胶）腻子分多道修补密实，打磨平整。

③ 施工前，应对板材进行清理、检查、挑选并分类堆放。对尺寸不一者，可用木工细刨刨成规格料。对个别有砂孔等缺陷者，只能将缺陷部分割掉，用于配制边角异形板。

④ 塑料板材背面如有蜡脂，应用棉纱团蘸丙酮∶汽油＝1∶8 的混合溶液反复擦洗，脱脂去蜡。

图 1-50　塑料板面层施工前的基层清理

（2）找规矩、弹线、预拼

① 根据设计铺贴图案、塑料板尺寸和房间大小，进行弹线、分格和定位；在基层上弹出中心十字线或对角斜线（图 1-51），并弹出板材分块线；在距墙面 200～300mm 处作镶边。如房间长、宽尺寸不合板材倍数时，或设计有镶边要求时，可沿地面四周加弹出镶边位置线。线迹必须清晰、方正、准确。

② 塑料板在铺设前应按线先干排，预拼对花并编号。遇有管道、门框、拐角等异形处，应先在板材上画好线，再用裁纸刀或钢锯条裁口。

（3）配制胶黏剂

① 配制时由专人负责，先将各原剂在原桶内充分拌匀，按每次配制用量分别倒出，按规定配合比准确称量，依先后加料顺序混合，再经充分拌匀后使用。应随用随配，一般不超过 2h 用量，但水性胶黏剂可直接在桶内拌匀后倒出使用。

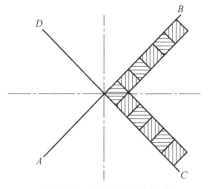

图 1-51　对角线定位示意

② 胶黏剂如有胶团、结皮或变色时，不得使用。如有不影响质量的杂质，可过筛滤去。拌制、运输、贮存时，应用塑料或搪瓷器具，不得使用铁器，以防止发生化学反应。

③ 配制器具宜配制一次，擦洗一次，一般用棉纱头蘸丙酮∶汽油＝1∶8 的混合溶液擦洗；水性胶黏剂用具则可用清水擦洗。

（4）刷胶

① 刷胶前，应将黏结层（基层面和板材背面）用干毛巾擦抹一遍，去掉灰尘。

② 刷胶面积一次不宜过大，应与铺贴速度相适应。在基层上刷胶应过线（约超出分格线 10mm），板背刷胶，应留边 5～10mm 不刷。刷胶厚度一般为 0.5～1.0mm，要求厚薄均匀，不得漏刷。宜先刷塑料板背面，随后刷基层面，并宜一面横刷，另一面纵刷。需刷两遍者，第一遍用锯齿形涂胶刮板涂刷，第二遍宜用油漆板刷涂刷，一般待头遍不粘手后，才刷

第二遍。

③ 刷胶后待胶液稍干，不粘手时即可铺贴。水性胶黏剂则可随刷胶随铺贴。

(5) 塑料板面层的铺贴

① 硬板塑料板面层铺贴

a. 铺贴时，一般可从房间一端按铺贴图形及线位，由里向外退着铺贴，大房间可从房中先铺好两条十字形板带，再向四方展开（图 1-52）。

图 1-52 塑料板块现场铺贴

b. 铺贴方法是先将塑料板块一端及另一侧与前块及邻块对齐，包括对花形，随后整块慢慢放下，顺手抹平使之初粘，依次赶走板下空气，务必一次准确就位、密合，然后用胶辊从起始边向终边顺序滚压密实，挤出的胶液随手用棉纱头蘸稀释剂擦抹干净。

c. 对胶黏剂初粘力较差者，贴后还应辅以沙袋均匀加压，待胶黏剂干硬后再卸去。

② 半硬质塑料板面层的铺贴

a. 铺贴前用丙酮：汽油＝1∶8的混合溶液进行脱脂、除蜡。

b. 事先按已弹好的控制线铺贴。卷材铺贴方法同硬板塑料板面层的铺贴。

③ 软质塑料板面层的铺贴

a. 软质塑料板铺前应做预热处理，将脱脂除蜡后的板材放入75℃左右的热水中浸泡10～20min，以减少板的胀缩变形，消除内应力，至板面全部松软伸平后取出晾干，提前24h运至铺贴地点平放待用。

b. 事先按已弹好的控制线铺贴，按卷材铺贴方向、房间的尺寸、规格裁料，并按铺贴顺序编号，备用。

c. 铺贴时刷胶方法同硬质塑料板，待胶黏剂刷后不粘手时，将卷材的一边对准所弹尺寸线，用小压辊压实，要求对线连接平顺，不卷不翘。

d. 铺贴后遇接缝处翘曲，可用沙袋等物均匀压住，或在接缝时先留出少量重叠暂不粘贴，待其他部位胶黏剂固化后，再用锋利刀具从中缝将多余卷材切去，再加胶粘牢。铺贴完后，如发现局部空鼓，个别边角粘贴不牢，可用大号医用注射器刺孔，排出空气后，从原针孔中注入胶黏剂，再压合密实。

e. 粘贴后如需焊接，须经48h后方可施焊，焊接示意图见图1-53。一般采用热空气焊，空气压力宜为0.08～0.1MPa，温度控制在180～250℃，焊接前将相邻的塑料边缘切成V形槽，焊条采用与被焊板材成分相同的等边三角形焊条（边长4.2mm），焊接速度控制在10～25cm/min，焊枪与焊件所成角度一般为30°～45°，焊条应尽量垂直于焊缝表面。焊缝高出母材表面1.5～2.0mm，使其呈圆弧形，表面要求平整，高出部分应铲去。

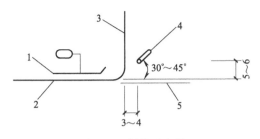

图 1-53 焊接示意图

1—φ16 压辊；2—焊缝；3—焊条；
4—焊枪喷嘴；5—拼缝

（6）塑料踢脚板的铺贴 塑料踢脚板施工现场见图 1-54。

① 硬质和半硬质塑料板地面铺贴后，一般以同样方法，按弹好的踢脚线上口线及两端铺贴好的踢脚板作为准绳，挂线粘贴。先铺贴阴阳角，然后逐块顺序铺贴，用辊子反复压实为止。塑料踢脚板的对缝与地面塑料板的对缝错开，十字缝交接。

② 软质塑料板踢脚板铺贴方法同地面铺设（图 1-55），应先做地面，再做踢脚板，使踢脚板压地面，以使阴角的接缝不明显，粘贴以下口平直为准，上口如高出原水泥踢脚板，贴后用刀片切齐，如形成凹陷，用 108 胶水泥浆填塞刮平。

（7）养护、擦光上蜡

① 铺贴完后，宜在温度 10～30℃、湿度小于 80% 的环境中自然养护，一般不少于 7d。

② 铺贴 24h 后，用布擦净表面，再用布包住已配好的上光软蜡，满涂揩擦 2～3 遍，直至表面光滑、亮度一致为止。

图 1-54 塑料踢脚板施工现场

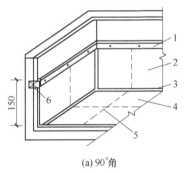

(a) 90°角　　　　　　　(b) 小圆角

图 1-55 软质塑料踢脚板铺贴

1—40mm×15mm 木（或硬 PVC）封口条；2—塑料踢脚板；3—贴角焊缝；4—地面块；5—焊缝；6—木砖；
7—塑料踢脚线（阴角贴块）；8—焊缝

4. 施工总结

① 低温环境条件铺贴软质塑料板，应注意材料的保暖，应在前 1d 将材料放在施工地点，使其达到与施工地点相同的温度（10℃以上），并防止运输时重压。铺开和铺贴卷材时，切忌用力拉伸或撕扯卷材，以防变形或碎裂。

② 卷材铺贴时应注意正反面，正面光洁度好，反面较粗，如随意铺贴，不但会使面层色泽不一致和影响美观，而且影响黏结的牢固度。

③ 胶液的干、湿程度对黏结力影响较大，如用手摸未干就粘贴，很容易撕开，并有胶液拉丝现象；如较干后粘贴，其黏结力则很强，铺贴时必须注意对准弹线慢慢粘贴，否则撕开重贴将十分困难。

④ 在接缝处切割卷材，必须注意用力拉直，不得重复切割，以免形成锯齿形使接缝不严。使用的刀必须刃薄锋利，宜用切割皮革用的扁口刀，以利保证接缝质量。

⑤ 操作中应注意防止塑料板面层出现翘曲、空鼓现象。一般预防措施是：基层应平整，刷胶必须饱满均匀，不得漏刷；铺设时应待胶黏剂基本干燥，滚压必须密实。

⑥ 为防止面层出现凹坑或小包，铺贴前应注意对基层仔细清理，凹洼处用108胶水泥腻子分层修补平实，基层上的小包应凿去、修补平整。

⑦ 面层铺设板块之间常易出现错缝，造成的原因主要是板块尺寸、规格不一致，出现较大误差，使铺贴过程缝格控制失去作用，施工时应注意规格尺寸的检查，按不同规格尺寸分拣选用，便可使错缝得到控制。

⑧ 焊缝应平整、光洁，无焦化变化、斑点、焊瘤和起鳞等缺陷，其凹凸允许偏差为±0.6mm；焊缝的抗拉强度不得小于塑料板强度的75%。

⑨ 踢脚板上口应平直、高度一致。侧面应平整，接槎应严密，阴阳角应做直角或圆角；出墙厚度应适宜且基本一致。

⑩ 地漏和面层坡度应符合设计要求，不倒泛水，无积水，与地漏（管道）结合处应严密牢固，无渗漏。

⑪ 塑料板面层的允许偏差及检验方法见表1-8。

表1-8　塑料板面层的允许偏差及检验方法

项目	允许偏差/mm	检验方法
表面平整度	2	用2m靠尺和楔形塞尺检查
板块行列（接缝）直线度	3	拉5m线,不足5m拉通线和尺量检查
相邻两块板的高度差	0.5	尺量和楔形塞尺检查
踢脚线上口平直	±3	拉5m线,不足5m拉通线和尺量检查

注：相邻板块排缝的宽度宜为0.3～0.5mm。

八、拼花硬木板面层施工

1. 示意图和施工现场图

拼花硬木板构造层次和面层施工现场分别见图1-56和图1-57。

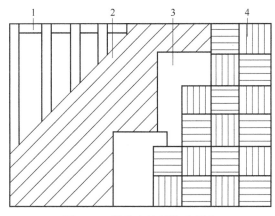

图1-56　拼花木地板构造层次

1—木搁栅；2—毛板；3—油纸；4—拼花硬木板

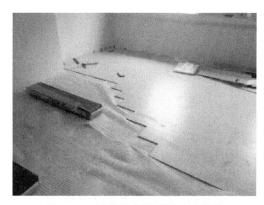

图1-57　拼花硬木板面层施工现场

2. 注意事项

① 铺设席纹或人字纹地板时，必须注意认真弹线、套方和找规矩；铺钉时，要随时找方，每铺钉一行都应随时找直，以防止出现拼缝不严、歪斜、不直等瑕疵。

② 刨地板时，吃口不应过深，行走速度不宜过快，防止产生刀痕和戗槎。

3. 施工做法详解

工艺流程 >>>>>

铺设橡木、搁栅→铺设毛地板→钉铺拼花硬木板→踢脚板铺设→面层刨光、磨光。

实木地板安装细节

扫码观看视频

（1）铺设橡木、搁栅 拼花硬木地板、橡木（垫木）、搁栅的铺设步骤和方法同长条硬木板面层。有地垄墙空铺地板搁栅的构造见图1-58。

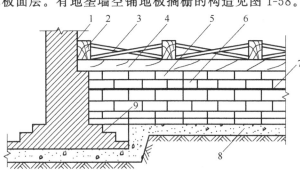

图 1-58 有地垄墙空铺地板搁栅的构造
1—墙；2—搁栅；3—剪刀撑；4—沿缘木；5—地垄墙；
6—通风口；7—防潮层；8—碎砖三合土；9—大放脚

（2）铺设毛地板

① 铺钉毛地板（图1-59）可用钝棱料，但上面应刨平，厚薄应一致（一般厚度为25mm），每块板宽度在120mm以下。铺钉时，板髓心面应朝上，板间缝隙不应大于3mm。

图 1-59 铺钉毛地板

毛地板和墙面应留缝隙10～20mm。板接头应在搁栅处，木板的接缝应间隔错开。每块毛地板应在每根搁栅上各钉两个钉子固定，钉子长度应为板厚的2.5倍，钉帽应砸扁并冲入板面深不少于2mm。

② 当面层为席纹板时，毛地板与搁栅成30°或45°角斜向铺钉，接头应锯成相应斜口。当面层为人字纹拼花板时，毛地板应与搁栅垂直钉铺。

③ 毛地板铺完后应用2m靠尺检查其平整度，清扫干净，接着铺设一层沥青油毡纸。油毡纸搭边宽度不得少于100mm，角部四层重叠处应事先将一对斜对角的两层纸剪成斜角相拼。

（3）钉铺拼花硬木板

① 毛地板、油毡纸铺设好后，在油毡纸上弹房间十字中心线及圈边线，然后再按设计图案尺寸分格放线，弹上墨（或色）线，即可按线铺钉拼花硬木板。

② 席纹硬木板铺设方法如下。

a. 方铺席纹板（图1-60），铺时一般从一角开始，使凹榫紧贴前板凸榫，逐块用暗钉钉牢；亦可从中央向四边铺钉。

b. 斜铺方席纹板，应以一边墙为准，成45°弹线，分角距离为斜纹对角线长。四边与镶边收口的三角形应大小相等。铺钉可从一角开始，依次按斜列展开，直至镶边处收口。

c. 斜铺人字纹板，板长应正好多于一个拼花板条宽度，板条加工应留有余量，铺钉时应按人字纹图形边修边拼缝。人字纹板（图1-61）应顺房间进深排列，以中间一列作标准，向两边展开。铺钉时应拉通线，控制板条角点在一条直线上，使留出的错台长度应正好是下一列人字条镶入的宽度。

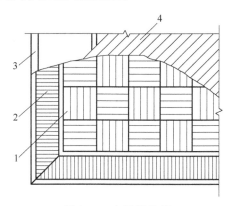 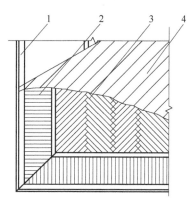

图1-60 方铺席纹板   图1-61 人字纹板铺钉

1—席纹板；2—花边地板；3—搁栅；4—毛地板   1—搁栅；2—花边地板；3—人字纹板；4—毛地板

以上拼花，各块木板均应相互排紧。拼缝有企口和槽口两种方式，后者在池槽内设嵌榫。对于企口缝的硬木地板，钉长为板厚的2.0～2.5倍，从板的侧边斜向钉入毛地板中，钉头打扁嵌入板内；当板长度小于30cm时，侧边应钉两个钉，长度大于30cm时应钉3个钉。板的两端应各钉1个钉固定。

③ 铺钉镶边板宜在房心板铺贴完后进行。镶边板应与房心拼花板严密结合。镶边宽度与图形可采用顺墙长条或垂直墙短条等。

（4）踢脚板铺设（图1-62）

① 木地板的房间，四周多设有木踢脚板，在靠墙的一面开有凹槽，并每隔1m钻一直径6mm的通风孔，踢脚板面应预先刨光。

② 预先在墙内每隔750mm砌入一块防腐木砖，在防腐木砖外面钉一块防腐木块；如事先未预埋防腐木砖，亦可每隔750mm用膨胀螺栓在墙面固定一块木块，然后再把踢脚板用明钉钉牢在防腐木块上，钉帽砸扁冲入板内。踢脚板板面要垂直，上口呈水平线，在踢脚板与地板交角处钉三角木条，以盖住缝隙。在墙的阴阳角交角处，应将踢脚板接头锯成45°，踢脚板接头应钉在防腐木板上，但必须注意踢脚板应铺钉在与抹灰面相平的木垫板上，且与抹灰面密贴，防止与抹灰面脱空。

图1-62 踢脚板铺设

（5）面层刨光、磨光   面层刨光应与木纹成45°斜刨。刨光工序与长条硬木板面层基层相同，第一道应用刨地板机粗刨，刨刀应锐利，吃刀应浅，行走速度应均匀；第二道应用木工细刨净面，将毛刺、刨痕刨平；第三道应用磨地板机磨光（图1-63），所用砂布应先粗后细，研磨不到之处用人工磨光。如局部有戗槎或凹洼难以刨平，可用扁铲将该处剔掉，再用相同木条加胶镶补后刨平、刨光。

图1-63 地板磨光施工

4. 施工总结

① 面层铺设应注意基层必须清理干净，保持干燥环境。木搁栅与地面和墙接触部位应进行防腐处理；铺设隔热或隔声材料必须晒干；毛地板面上应铺防潮油毡纸，管道通水、暖气试压应保护好接头不漏水、汽，以防地板受潮、水汽浸入造成变形和松动、脱落。

② 铺设毛地板、拼花硬木板前，必须检查搁栅的稳固性，应垫平、垫实，固定牢靠，防止松动，以免造成地板晃动、走路有响声。

③ 铺钉面层时，应严格控制拼缝；企口要插严钉牢，操作时要注意排紧挤实，以防出现较大空隙，造成地板变形或松动。

④ 长条、拼花硬木板面层允许偏差及检验方法见表1-9。

表1-9 长条、拼花硬木地板允许偏差及检验方法

项目	允许偏差/mm		检验方法
	木搁栅	拼花木板	
表面平整度	2	3	用2m靠尺和楔形塞尺检查
踢脚线上口平直	3	—	拉5m线,不足5m拉通线和尺量检查
相邻两块板的高度差	0.5	—	拉5m线,不足5m拉通线和尺量检查
缝隙宽度	0.3	—	尺量检查

九、胶粘拼花硬木板面层施工

1. 施工现场图

胶粘拼花硬木板面层施工现场见图1-64。

2. 注意事项

① 地板木条应先找方正，按编号堆放，随核随用，不得乱放乱扔，以免碰坏棱角。

② 铺设地板时应穿软底鞋，避免把泥沙带入，影响粘贴质量；同时不得在板面敲砸，不得损坏墙面抹灰层。

③ 施工中应注意环境温度和湿度的变化，铺贴完成后应及时关闭窗户，覆盖塑料薄膜，防止干缩过快，造成开裂和变形。

图1-64 胶粘拼花硬木板面层施工现场

④ 滚刨机不用时应先提起再关闭，防止慢速啃（咬）坏地板面。

⑤ 地板磨光后应及时刷油和打蜡。

⑥ 通水后注意阀门、接头和弯头，防止渗漏物浸泡地板。

3. 施工做法详解

工艺流程

清理基层→弹线定位→涂刷冷胶→粘贴面层→钉踢脚板→保养、刨平、磨光→油漆、上蜡。

(1) 清理基层

① 将基层表面的灰砂、油渍、垃圾清除干净，凹陷部位用 108 胶水泥腻子嵌实刮平，用水洗刷地面、晾干。

② 底层地面应做好防潮层，要求平整、干净、毛糙并干燥，无裂缝、脱皮、起砂等缺陷。

(2) 弹线定位（图 1-65）

① 在房间表层弹十字中心线及圈边线，圈边宽度以 300mm 为宜，纵横圈边宽度差不得大于 100mm。

② 根据房间尺寸和拼花地板的大小算出块数。如为单数，则房间十字中心线与中间一块拼花地板的十字中心线一致；如为双数，则房间十字中心线与中间四块拼花地板的拼缝线重合。

图 1-65　弹线定位

(3) 涂刷冷胶

① 铺前先在基层上用稀白胶或 801 胶薄薄涂刷一遍，然后将配制好的胶泥倒在地面，用橡皮刮板均匀铺开，厚度一般为 5mm 左右。

② 胶泥配制应严格计量，搅拌均匀，随用随配，并在 1~2h 内用完。

(4) 粘贴面层

① 涂刷胶泥和粘贴面板应同时进行，一般由两人操作，一人在前涂刷胶泥，另一人紧跟着粘贴木板条，沿顺序水平方向用力推挤压实。

② 铺板图案形式一般有正铺和斜铺两种。正铺由房间中心依次向四周铺贴，最后圈边，以保证中部花纹的方正；斜铺先弹地面十字中心线，再在中心线弹 45°斜线及圈边线，按 45°方向斜铺。

③ 拼花面层应每粘贴一个方块用方尺套方一次，贴完一行，须在面层上弹直线修正一次。

(5) 钉踢脚板（图 1-66）

地板铺好后方可钉踢脚板。按房间大小配料，加工好接榫。用砸扁的圆钉把踢脚板钉在墙脚预埋的防腐木砖上，使之与墙面抹灰面密贴。踢脚板要求齐直，转角方正。防腐木砖间距为 500mm 左右。

图 1-66　钉踢脚板

(6) 保养、刨平、磨光

① 拼花地板粘贴完后，应在常温下保养 5~7d，待胶泥凝结后，用电动滚刨机刨削地板，使之平整。滚刨方向与板条方向成 45°角，刨时不宜走得太快，应多走几遍。

② 第一遍滚刨后，再换滚磨机磨两遍，

第一遍用 3 号粗砂纸磨平，第二遍用 0~1 号细砂纸磨光，四周和阴角处辅以人工刨削和磨光，钉三角木压条。

（7）油漆、上蜡

① 面层磨光后应随即刷油漆，先满批腻子两遍，用砂纸打磨平整光洁，清理后再涂刷清漆 2~3 遍。

② 油漆干燥后打蜡擦亮，方法同水磨石面层。

4. 施工总结

① 冷胶拼花硬木板铺贴，基层必须清理干净，严格按配合比拌制胶泥，均匀地涂刷胶泥，粘贴时用力推挤、压实，以保证黏结牢靠，防止脱落。

② 铺设席纹或人字纹地板时，必须注意弹线、套方、找规矩。粘贴时要随时找方，每粘贴一行都要随时找直，以防出现拼缝不严、不直等弊病。

③ 刨地板的吃力不应过深，行走速度不应过快，防止产生戗槎；刨光机的刨刀应勤磨。

④ 底层地面粘贴冷胶拼花硬木地板，必须做好防潮层，以避免潮气侵入结合层造成面层脱层、起壳。

⑤ 拼花硬木地板铺贴应注意表面必须平整，平整度允许偏差为 2mm，要达到这一要求，基层混凝土必须做得平整，要按面层的平整度要求处理好基层，因拼花硬木地板较薄，不能刨削太多，所以必须高度重视基层的整平处理，以保证表面平整、光滑。

⑥ 面层要求刨平磨光，无刨痕、戗槎和毛刺等现象；图案清晰，清漆面层颜色均匀一致；面层黏结牢固，无松动、空鼓现象。

⑦ 踢脚板要求表面光滑，接缝严密，高度一致，与面层的缝隙宽度不超过 1mm，且不多于两处。

⑧ 冷胶拼花硬木地板的允许偏差及检验方法见表 1-10。

表 1-10　冷胶拼花硬木地板的允许偏差及检验方法

项目	允许偏差/mm	检验方法
表面平整度	2	用 2m 靠尺和楔形塞尺检查
踢脚线上口平直	3	拉 5m 线，不足 5m 拉通线和尺量检查
相邻两块板的高度差	0.5	拉 5m 线，不足 5m 拉通线和尺量检查
缝隙宽度	0.3	尺量检查

十、硬质纤维板面层施工

1. 示意图和施工现场图

硬质纤维板地面图案示例和实例分别见图 1-67 和图 1-68。

2. 注意事项

① 硬质纤维板面层施工温度不应低于 10℃，否则应按冬期施工要求采取保暖防冻措施。

② 面层铺贴应注意基层必须清理干净，严格按配合比拌制胶黏剂，均匀地涂胶，黏结时用力挤压紧密，以保证黏结牢靠，防止脱层、空鼓。

3. 施工做法详解

`工艺流程` >>>>>>

清理基层→铺抹水泥木屑砂浆→铺贴面层→涂漆打蜡。

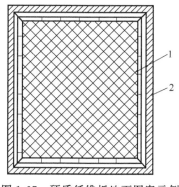

图 1-67 硬质纤维板地面图案示例
1—V形槽；2—砖墙

图 1-68 硬质纤维板实例

(1) 清理基层

① 混凝土基层应平整坚实，如有凹坑应批嵌修补。

② 基层表面泥土、砂粒、灰浆及杂物应清扫干净；铺水泥木屑砂浆前一天，浇水充分湿润，但不应有积水。

(2) 铺抹水泥木屑砂浆

① 水泥木屑砂浆中常用材料有水泥、中砂、氯化钙和水，其配合比应根据现场实际情况确定，砂浆使用前还应进行试配。配制的水泥木屑砂浆应搅拌均匀，颜色一致，稠度大于3cm，其抗压强度不应小于10MPa。

② 铺时先扫素水泥浆一度，随即摊铺砂浆拍实、刮平，收水后，用木抹子压实、抹光。砂浆厚度宜为25mm。抹平工作应在初凝前完成；压实工作应在终凝前完成，浇水养护7～10d，即可铺贴面层。

(3) 铺贴面层

① 水泥木屑砂浆基层表面应平整、洁净、干燥，不起砂，含水率不应大于9%，其平整度以2m直尺检查，允许空隙为2mm。

② 在房间表层弹十字中心线及圈边线。

③ 在铺贴前应按设计图案、尺寸，按弹线试铺，并应检查其拼缝高低、平整度、对缝等，符合要求后进行编号。

④ 铺板胶黏剂配合比多采用脲醛树脂：32.5强度等级水泥：20%浓度氯化铵溶液：水=100：(160～170)：(7～9)：(14～16)（质量比，下同）。配制时，将脲醛树脂加水搅拌均匀，再缓慢加入水泥搅匀。使用前，按配合比加入氯化铵溶液搅匀，要求4～5h内用完。当采用沥青胶黏剂，其配合比为：10号石油沥青：20号机油：滑石粉=90：10：5，粘贴温度为159～190℃，冷底子油配合比为：10号石油沥青：20号机油：汽油=30：3：67。

⑤ 铺贴顺序一般先从房间中心点开始按弹线向四周展开，墙边部分可按需要锯割加工。

⑥ 铺贴时，将脲醛树脂胶黏剂分别均匀涂刷在已弹线的水泥木屑砂浆层表面和硬质纤维板背面上，厚度分别为1mm和0.5mm，静止5min后，将板粘贴在砂浆层上，用木锤轻敲一遍（图1-69），使其密贴平整，缝宽为1～2mm，外溢胶黏剂用湿布揩去。然后用长度为20mm、直径1.8mm的钉子（钉头砸扁）钉入板拼缝和V形槽内，间距60～100mm，钉头嵌入板内，钉眼用腻子涂补。采用沥青胶黏剂铺贴时，应在水泥木屑砂浆基层上先刷冷底子油1～2遍，铺贴时在冷底子油上及硬质纤维板背均应涂刷热沥青胶黏剂，使板与基层

图 1-69　硬质纤维地板安装

和邻板紧密结合；溢出板缝的胶黏剂应及时铲除。

（4）涂漆打蜡

① 铺完后养护 1～2d，在硬质纤维面层上满刷一遍清油，满刮一遍腻子，再刷两遍地板漆。

② 待漆干后，即可打蜡。

4. 施工总结

① 底层地面铺贴硬质纤维板面层，必须做好防水、防潮隔离层，以避免潮气侵入结合层，导致面层脱落、起壳。

② 采用沥青胶黏剂铺贴面层必须注意严格控制铺贴温度，温度过高会使沥青碳化，过低将粘贴不实，影响铺贴质量。

③ 硬质纤维板面层铺贴的允许偏差及检验方法见表 1-11。

表 1-11　硬质纤维板面层铺贴的允许偏差及检验方法

项目	允许偏差/mm	检验方法
表面平整度	2	用 2m 靠尺和楔形塞尺检查
踢脚板上口平直	3	拉 5m 线，不足 5m 拉通线和尺量检查
板块行列（接缝）直线度	3	拉 5m 线，不足 5m 拉通线和尺量检查
相邻两块板的高度差	1	尺量和楔形塞尺检查
板间缝隙宽度	2	尺量检查

十一、水泥钢（铁）屑面层施工

1. 施工现场图

水泥钢屑面层施工现场见图 1-70。

2. 注意事项

① 面层表面密实压光；无明显裂纹、脱皮、麻面和起砂等缺陷。

② 地漏和面层坡度符合设计要求，不倒泛水，无渗漏、无积水；与地漏（管道）结合处严密、平顺。

图 1-70　水泥钢屑面层施工现场

3. 施工做法详解

工艺流程 >>>>>>

材料配制→清理基层→面层铺设→养护。

（1）材料配制　水泥钢屑面层的强度等级不应小于 M40，施工参考配合比为：32.5 强度等级水泥∶钢屑∶水＝1∶1.8∶0.31（质量比），密度不应小于 2.0t/m³，其稠度不大于 10mm。采用机械拌制，投料顺序为：钢屑→水泥→水。严格控制用水量，要求搅拌均匀至颜色一致。搅拌时间不少于 90s，配制好的拌合物应在 2h 内用完。

（2）清理基层　将基层表面的积灰、浮浆、油污及杂物清扫掉，并洗干净，面层铺设前 1d 浇水湿润。

（3）面层铺设　水泥钢屑面层的厚度一般为 5mm。铺设时先铺一层厚 20mm 的 1∶2

（体积比）水泥砂浆结合层，稠度为 25～35mm，待初步抹平压实后，接着在其上铺抹 5mm 厚水泥钢屑拌合物，用木刮杠刮平，随铺随振（拍）实，待收水后，随即用铁抹子抹平、压实至起浆为止。在砂浆初凝前进行第二遍压光，用铁抹子边抹边压，将死坑、孔眼填实压平，使表面平整，要求不漏压、平面出光。在结合层和面层的水泥终凝前进行第三遍压光（图 1-71），用铁抹子把前遍留下的抹纹抹痕全部压平、压实，至表面光滑平整达到交活的程度。

（4）**养护**　面层铺好后 24h，应洒水进行养护，或用草袋覆盖浇水养护，时间为 5～7d。

图 1-71　第三遍压光

4. 施工总结

① 面层铺设时基层应处理干净并湿润，刷素水泥浆一度；结合层和水泥钢屑砂浆铺设宜一次连续操作完成，并按要求分次抹压密实，加强养护，防止出现空鼓脱层现象。

② 水泥钢屑面层压光时，当拌合物过稠或过干时，严禁洒水或撒干水泥面，以防降低面层强度或造成表面起皮。

③ 面层铺好后，不得立即用水直接冲洒，宜在 24h 后覆盖草袋，洒水湿润养护，以避免麻面和起皮。

④ 施工温度不应低于 5℃，否则应按冬期施工要求，采取保温、防冻措施。

⑤ 水泥钢（铁）屑面层的允许偏差及检验方法见表 1-12。

表 1-12　水泥钢（铁）屑面层的允许偏差及检验方法

项目	允许偏差/mm	检验方法
表面平整度	4	用 2m 靠尺和楔形塞尺检查
缝格平直	3	拉 5m 线，不足 5m 拉通线和尺量检查

十二、不发火（防爆的）面层施工

1. 施工现场图

不发火（防爆的）面层施工现场见图 1-72。

图 1-72　不发火（防爆的）面层施工现场

2. 注意事项

① 原材料加工和配制时，应注意随时检查材质，不得混入金属细粒或其他易发生火花

的杂质。

② 施工温度不应低于5℃，否则应按冬期施工要求采取保温、防冻措施。

3. 施工做法详解

工艺流程 ▶▶▶▶▶

混凝土配制→清理基层→打底灰→铺设面层→养护。

（1）混凝土配制 不发火混凝土面层强度等级一般为C20，施工参考配合比为：水泥：砂：碎石：水＝1：1.74：2.83：0.58（质量比）。材料应严格计量，用机械搅拌，投料顺序为：碎石→水泥→砂→水。要求搅拌均匀至颜色一致；搅拌时间不少于90s，配制好的拌合物在2h内用完。

（2）清理基层 将基层表面的泥土、浆皮、灰渣及杂物清理干净，油污清洗掉，铺抹打底灰前1d应将基层湿润，但应无积水。

（3）打底灰 如基层坑洼不平，应按常规方法在表面抹素水泥浆一度，在其上抹一层厚15～20mm的1：3水泥砂浆找平层，使表面平整、粗糙。如基层表面平整，亦可不抹找平层，直接在其上铺设面层。

（4）铺设面层 铺时预先用木板隔成宽不大于3m的区段，先在已湿润的基层表面均匀

图1-73 素水泥浆施工

扫一道素水泥浆（图1-73），随即分仓顺序摊铺，随铺随用长木杠刮平、拍实；表面凹陷处应即用混凝土填补平，然后再用长木杠刮一次，用木抹子搓平。紧接着用铁辊筒纵横交错来回滚压3～5遍至表面出浆，用木抹子搓平，用铁抹子压光。待收水后再压光2～3遍，至纹痕抹平压光为止。

（5）养护 最后一遍压光完后24h，可洒水养护，或护盖锯末、塑料编织袋洒水养护，时间不少于7d。

4. 施工总结

① 不发火（防爆的）面层采用的石料和硬化后的试件，均应在金刚砂轮上做摩擦试验，在试验中没有发现任何火花，即认为合格。试验时应符合现行国家规范《建筑地面工程施工及验收规范》（GB 50209—2002）附录中"不发生火花（防爆的）建筑地面材料及其制品不发火性的试验方法"的规定。

② 面层压光时，如混凝土过稠，不得随意加水；如混凝土过稀，不得掺加干水泥面，但可分别掺加同配合比较稀或较稠的混凝土调节后压光，以防降低面层强度或造成表面起皮。

③ 不发火（防爆的）面层的允许偏差及检验方法见表1-13。

表1-13 不发火（防爆的）面层的允许偏差及检验方法

项目	允许偏差/mm		检验方法
	普通	高级	
表面平整度	3	2	用2m靠尺和楔形塞尺检查
踢脚线上口平直度	3	3	拉5m线,不足5m拉通线和尺量检查
缝格平直	3	2	拉5m线,不足5m拉通线和尺量检查

十三、防油渗面层施工

1. 示意图和施工现场图

防油渗面层分格缝做法示意和施工现场分别见图1-74和图1-75。

2. 注意事项

① 防油渗面层使用的化学材料应在阴凉地方存放，并应有防火措施。

② 配制乳液和底子油胶泥的操作人员应戴胶皮手套和防护眼镜，并应按程序操作。

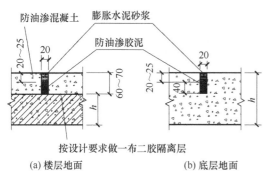

图1-74　防油渗面层分格缝做法示意

(a) 楼层地面　　　　(b) 底层地面

图1-75　防油渗面层施工现场

③ 清理基层时，不允许从窗口、洞口向外乱扔杂物，以免伤人。

3. 施工做法详解

工艺流程

防油渗混凝土配制→防油渗水泥浆配制→清理基层→抹找平层→防油渗隔离层设置→面层铺设→分格缝处理→养护。

(1) **防油渗混凝土配制**　防油渗混凝土系在普通混凝土中掺加防油渗剂或外加剂而成。其配合比通过试验确定。试配参考配合比为：水泥：砂：石子：水：B型防油渗剂＝1：1.79：2.996：0.5：适量（按生产说明书使用）（质量比）。材料应严格计量，用机械搅拌，投料程序为：碎石→水泥→砂→水和B型防油渗剂（稀释溶液），搅拌要均匀，至颜色一致；搅拌时间不少于2min，浇筑时坍落度不宜大于10mm。

(2) **防油渗水泥浆配制**

① 氯乙烯-偏氯乙烯混合乳液的配制：用10%浓度的磷酸三钠水溶液中和氯乙烯-偏氯乙烯共聚乳液，使pH值为7～8，加入配合比要求的浓度为40%的OP（OP-10为烷基酚聚氧乙烯醚）溶液，搅拌均匀，然后加入少量消泡剂，以消除表面泡沫为度。

② 防油渗水泥浆配制：将氯乙烯-偏氯乙烯混合乳液和水按1：1的配合比搅拌均匀后，边拌边加入水泥，按要求加入量加入后，充分搅拌均匀即可使用。

③ 防油渗胶泥底子油的配制：先将已熬制好的防油渗胶泥自然冷却至85～90℃，边搅拌边缓慢加入按配合比所配制的二甲苯和环己酮的混合溶液（切勿进水），搅拌至胶泥全部溶解即成底子油。如暂时存放，应置于有盖的容器中，以防止溶剂挥发。

(3) **清理基层**　将基层表面的泥土、浆皮、灰渣及杂物清理干净，将油污清洗掉。铺抹找平层前1d将基层湿润，但应无积水。

(4) **抹找平层**　在基层表面刷素水泥浆一度，在其上抹一层厚15～20mm、1：3的水泥砂浆找平层，使表面平整、粗糙。

（5）**防油渗隔离层设置**

① 防油渗隔离层一般采用一布二胶防油渗胶泥玻璃纤维布，其厚度为 4mm。还可采用的防油渗胶泥（或弹性多功能聚氨酯类涂膜材料），其厚度为 1.5～2.0mm。

② 铺设隔离层时先在洁净基层上涂刷防油渗胶泥底子油一遍，然后再将加温的防油渗胶泥均匀涂抹一遍，随后将玻璃纤维布（图 1-76）粘贴覆盖，其搭接宽度不得小于 100mm；与墙、柱连接处的涂刷应向上翻边，其高度不得小于 30mm，表面再涂抹一遍胶泥，一布二胶防油渗隔离层完成后，经检查符合要求，即可进行面层施工。

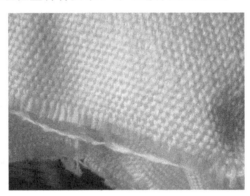

图 1-76　玻璃纤维布

（6）**面层铺设**

① 防油渗混凝土面层铺设，如面积很大，宜分区段浇筑，按厂房柱网进行划分，每区段面积不宜大于 50m^2。分格缝应设置纵、横向伸缩缝，纵向分格缝间距为 3～6m，横向为6～9m，并应与建筑轴线对齐。分格缝的深度为面层的总厚度，上下贯通，其宽度为 15～20mm。

② 面层铺设前应按设计尺寸弹线，支设分格缝模板，找好标高。

③ 在整浇水泥基层上或做隔离层的表面上铺设防油渗面层时，其表面必须平整、洁净、干燥，不得有起砂现象。铺设前应满涂刷防油渗水泥浆结合层一遍，然后随刷随铺设防油渗混凝土，用直尺刮平，并用振动器振捣密实，不得漏振，然后再用铁抹子将表面抹平压光，吸水后，终凝前再压光 2～3 遍，至表面无印痕为止。

（7）**分格缝处理**　分格条木板在混凝土终凝后取出并修好，当防油渗混凝土面层的强度达到 5MPa 时，将分格缝内清理干净，并干燥，涂刷一遍防油渗胶泥底子油后，应趁热灌注防油渗胶泥材料，亦可采用弹性多功能聚氨酯类涂膜材料嵌缝，缝的上部留 20～25mm 深度采用膨胀水泥砂浆封缝。

（8）**养护**

防油渗混凝土浇筑完 12h 后，表面应覆盖草袋，浇水养护不少于 14d。

4. 施工总结

① 防油渗混凝土由于掺外加剂的作用，初凝前有缓凝现象，初凝后有早强现象，施工中应根据这一特性加强操作质量控制。

② 防油渗混凝土同层内不得敷设管线，凡露出面层的电线管、接线盒、预埋套管和地脚螺栓等，均应采用防油渗胶泥进行处理，与墙、柱变形缝及孔洞等连接处应做泛水。

③ 在水泥基层上设置隔离层和在隔离层上铺设防油渗面层时，其下一层表面必须洁净，铺设时应刷同类的底子油一遍，以保证结合良好。

④ 防油渗面层的允许偏差及检验方法见表 1-14。

表 1-14　防油渗面层的允许偏差及检验方法

项目	允许偏差/mm	检验方法
表面平整度	4	用 2m 靠尺和楔形塞尺检查
缝格平直	3	拉 5m 线, 不足 5m 拉通线和尺量检查

第二章

抹灰工程

第一节 ▶ 内墙抹灰施工

一、室内砖墙抹石灰砂浆

1. 示意图和施工现场图

抹灰的构造和室内墙面抹灰施工现场分别见图 2-1 和图 2-2。

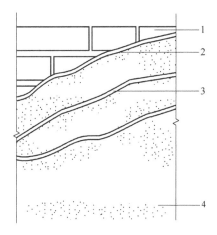

图 2-1 抹灰的构造

1—墙体；2—5～10mm 厚底层（起黏结作用）；3—5～12mm 中层（起找平作用，如用喷浆，可与底层合并，厚度不超过 15mm）；4—4～5mm 厚面层（起装饰作用）

图 2-2 室内墙面抹灰施工现场

2. 注意事项

① 抹灰前必须全面检查门窗框安装是否固定牢固，是否方正平整，是否安装反了，如发现问题，要进行认真调整，使其符合设计及验收规范的要求。

② 抹灰前必须把门窗框与墙连接处的缝隙用 1∶3 水泥砂浆嵌塞密实或 1∶1∶6 的混合砂浆分层嵌塞密实。门口要设置铁皮、木板或木架保护。

③ 抹过灰后随即将粘在门窗框上的残余砂浆清理干净。对铝合金门窗框一定要粘贴保

护膜，并一直保持到竣工前需清擦玻璃时为止。

④ 在施工当中，推小车或搬运模板、脚手架管、跳板、木材、钢筋等材料时，一定注意不要碰坏口角和划破墙面。抹灰用的大木杠、铁锹把、跳板等不要依墙放着，以免碰破墙面或将墙面划出道痕。严禁施工人员蹬踩门窗框、窗台，防止损坏棱角。

⑤ 拆除脚手架、跳板和高马凳时，要轻拆轻放，并堆放整齐，以免撞坏门窗框，碰坏墙面和棱角等。

⑥ 随抹灰随注意保护好墙上的预埋件、窗帘钩、通风算子等，同时要注意墙上的电线槽盒、水暖设备预留洞及空调线的穿墙孔洞等，不要随意堵死。

⑦ 抹灰层在凝结硬化前，应防止快干、水冲、撞击、振动和挤压，以保证灰层不受损害和有足够的强度。

⑧ 注意保护好楼地面、楼梯踏步和休息平台，不得直接在楼地面上和休息平台上搅拌灰浆。从楼梯上下搬运东西时，不得撞击楼梯踏步。

3. 施工做法详解

工艺流程 ≫≫≫≫

顶板勾缝→墙面浇水→找规矩、做灰饼→抹水泥踢脚板→做护角→抹水泥窗台板→墙面冲筋→抹墙裙→抹底灰→抹预留洞、配电箱、槽、盒→抹罩面灰。

(1) **顶板勾缝**　凿除灌缝混凝土凸出部分及其他杂物，用毛刷子把表面残渣和浮尘清理干净，然后涂刷掺水10%（质量百分比）的108胶水泥浆一道，随即抹1∶0.3∶3混合砂浆将顶板缝抹平，厚处可分层勾抹，每遍厚度宜在5～7mm。

(2) **墙面浇水**　墙面应用细管或喷壶自上而下浇水湿透，一般在抹灰前1d进行，每天不少于两次。

(3) **找规矩、做灰饼**　根据设计图纸要求的抹灰质量等级，按照基层表面平整垂直情况，用一面墙做基准先用方尺规方。

房间面积较大时应先在地上弹出十字中心线，然后按基层表面水平线弹出阴角线。随即在距阴角100mm处吊垂线并弹出铅垂线，再按地上弹出的墙角线往墙上翻引出阴角所在的两面墙上的墙面抹灰层厚度控制线。室内砖墙抹灰的平均总厚，不得大于下面规定：普通抹灰18mm；中级抹灰20mm；高级抹灰25mm。

经检查确定抹灰厚度，但最薄处不应小于7mm；墙面凹度较大时要分层抹平，每遍厚度宜控制在7～9mm。套方找规矩做好后，以此做灰饼（图2-3）打墩，操作时先贴上灰饼，再贴下灰饼，同时要注意分清做踢脚板还是水泥墙裙，选择好下灰饼的准确位置，再用靠尺板找好垂直与平整。灰饼用1∶3水泥砂浆做成5cm见方或近圆形状均可。

(4) **抹水泥踢脚板**　洒水润透墙面，并把污物冲洗干净，用1∶3水泥砂浆抹底层，表面用木杠或2m靠尺刮平，再用木抹子搓毛，常温下待第二天抹面层砂浆，面层采用1∶2.5水泥砂浆抹平压光。一般做法为凸出石灰墙面5～7mm，但也有的做法与石灰墙面一样平，或者凹进石灰墙面。总之要按设计要求施工。

图2-3　墙面做灰饼

(5) **做护角** 室内墙面、柱面的阳角和门窗洞口的阳角（图 2-4），根据砂浆饼和门窗框边离墙面的空隙，用方尺归方后，分别在阳角两边吊直和固定好靠尺板，用 1∶3 水泥砂浆打底与贴灰饼找平，待砂浆稍干后再用水泥砂浆抹成小圆角。宜用 1∶2 水泥砂浆做明护角（比底灰或冲筋高 2mm）。用阳角抹子推出小圆角，最后用靠尺板，在阳角两边 50mm 以外位置，以 40°斜角将多余砂浆切除、清洁，其高度不应低于 2m，过梁底部要规方。门窗口护角做完后应及时用清水刷洗门窗框上的水泥浆。

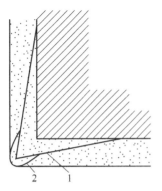

图 2-4 墙、柱阳角
包角抹灰示意
1—1∶1.4 水泥石灰砂浆；
2—1∶2 水泥砂浆

(6) **抹水泥窗台板** 抹前将窗台基层清理干净，对松动砖要重新砌筑。砖缝要划深，浇水湿透，然后用 1∶2∶3 细石（豆石）混凝土铺实，厚大于 2.5cm，次日再刷（胶重为水重的 10%）108 胶的素水泥浆一道，接着抹 1∶2.5 的水泥砂浆面层，待面层有初始强度或表面开始变白色时，浇水养护 3～4d。施工时要特别注意窗台板下口要平直，不得有毛刺。

(7) **墙面冲筋（图 2-5）** 用与抹灰层相同的砂浆冲筋。冲筋的根数应根据房间墙面的高度而定。操作时在上下灰饼之间做宽度 30～50mm 的灰浆带，并以上下灰饼为准用压尺杠推（刮）平；阴阳角的水平标筋应连起来，并相互垂直。冲筋（打栏）完毕，待稍干后才能进行墙面底层抹灰作业。

(8) **抹墙裙** 按照设计要求进行抹灰。操作时应根据 0.5m 标高线测准墙裙的高度，并控制好水平度、垂直度和厚度，上口切齐，表面压实抹光（图 2-6）。

图 2-5 墙面冲筋施工

图 2-6 墙裙抹灰

(9) **抹底灰** 在墙体湿润情况下进行抹底灰（图 2-7）。一般需冲筋完成 2h 左右就可以抹底灰，既不能过早也不能过迟。抹时先薄薄抹一层，不得漏抹，要用力压使砂浆挤入细小缝隙内，接着分层装档压实抹平至与标筋一平，再用大木杠或靠尺板垂直水平刮找一遍，并用木抹子搓毛。然后全面进行质量检查，检查底子灰是否平整，阴阳角是否规方整洁，管道后与阴角交接处、墙顶板交接处是否光滑平整，并用 2m 长标尺板检查墙面垂直和平整情况，墙的阴角用阴角器上下抽动扯平。地面踢脚板和水泥墙裙及管道背后应及时清理干净。

(10) **抹预留洞、配电箱、槽、盒** 设专人把墙面上预留孔洞、槽、盒周边 5cm 宽的石灰砂浆清除干净，洒水湿润，改用 1∶1∶4 水泥混合砂浆把孔洞、箱、槽、盒边抹得方正、光滑、平整（要比底灰或冲筋高 2mm）。

（11）**抹罩面灰** 罩面灰为纸筋灰，当底子灰有六、七成干时，开始抹罩面灰（如果底灰过干时应充分浇水湿润）。抹罩面灰（图 2-8）宜两遍成活，控制抹灰厚度不大于 3mm，宜两人同时操作，一人先薄薄刮一遍，另一个人随即打平压光，按先上后下顺序进行，再压实赶光，用钢皮抹子通压一遍，最后用塑料抹子顺抹子纹压光，并随即用毛刷蘸水将罩面灰污染处清理干净。施工时不应甩破活。遇到预留的施工洞，以甩下整面墙为宜。

图 2-7　抹底灰

图 2-8　抹罩面灰

4. 施工总结

① 为了防止门窗框与墙壁交接处抹灰层空鼓、裂缝、脱落，抹灰前对基层应彻底处理并浇水湿透；检查门窗框是否固定牢固，木砖尺寸、埋置数量和位置是否符合标准；门窗框与墙的缝隙嵌塞，宜采用水泥混合砂浆分层多遍填塞，砂浆的稠度不宜太稀，并设专人嵌塞密实。

② 墙面抹灰层空鼓、裂缝极度影响抹灰工程质量。因此，施工时应注意如下事项：

a. 基层处理好，清理干净，并浇水湿透；

b. 脚手架孔和其他预留洞口边及不用的洞，在抹灰前应填实抹平；

c. 应分层抹灰赶平，每遍厚度宜为 7～9mm；

d. 石灰砂浆、混合砂浆及水泥砂浆等不能前后覆盖交叉涂抹；

e. 不同基层材料交接处，宜铺钢板网；

f. 配制砂浆一定要控制原材料的质量及砂浆的稠度。

③ 要防止抹灰层起泡、有抹纹、开花等现象出现，应等抹灰砂浆收水后终凝前进行压光；纸筋罩面时，必须待底子灰有五、六成干后再进行；对淋制的灰膏熟化时间应不少于 30d。用磨细生石灰粉，应提前 2～3d 熟化成石灰膏；过干的底子灰应及时洒水湿润，并薄薄地刷一层掺 108 胶（胶重为水重的 10%）的纯水泥浆后，再进行罩面抹灰。

④ 抹灰前应认真挂线找方，按其规矩和标准细致地做灰饼和冲筋，并要交圈、顺杠、有程序及有规矩，以保证抹灰面平整及阴阳角垂直、方正。

⑤ 为确保墙裙、踢脚板和窗台板上口出墙厚度一致，水泥砂浆不空鼓，抹灰时应按规矩吊垂直，拉线找直、找方；抹水泥砂浆墙裙和踢脚板处，应清除石灰砂浆抹过线的部分，基层必须浇水湿透；要分层抹实赶平，按时压光面层。

⑥ 暖气槽两则、上下窗垛抹灰应通顺一致，抹灰时按规范吊直规方，特殊部位应派技术水平高的人员负责操作。

⑦ 顶板抹灰时，基层应处理干净，并浇水湿透，灌缝密实平整，做好砂浆配合比，以保证与楼板黏结牢固，不产生空鼓和裂缝。

室内加气混凝土墙面抹灰
扫码观看视频

⑧ 对于管道后抹灰，必须依照规范安放过墙套管，抹灰时应专设技术水平高的人员，用专用工具，认真细致地操作，以保证抹灰平整、光滑和不产生空鼓和裂缝。

二、室内加气混凝土墙面抹灰

1. 施工现场图

加气混凝土墙面抹灰施工现场见图 2-9。

2. 注意事项

① 主体结构经有关部门（质量监理站、设计院、建设单位和施工单位等）进行工程检查，验收合格后方可进行抹灰工程。

② 检查门窗框及需要预埋的电管、接线盒等，其位置是否正确，是否牢固。连接缝隙用 1：3 水泥砂浆或 1：1：6 水泥混合砂浆分层嵌塞密实；对缝隙较大的应在砂浆中掺少量麻刀嵌塞，门口处应设置保护措施，以防碰坏。铝合金门窗框等先包好或粘贴好保护的塑料薄膜。

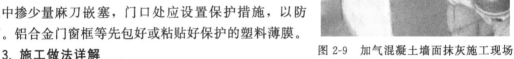

图 2-9 加气混凝土墙面抹灰施工现场

3. 施工做法详解

工艺流程

基层清理→墙面浇水→找规矩→做灰饼、设置标筋→抹水泥踢脚板→做护角→抹底灰和中层灰→抹预留孔洞、配电箱、槽、盒→抹罩面灰。

（1）**基层清理**（图 2-10） 抹灰前将墙面挂的废余砂浆、灰尘、污垢、油渍等清除干净。对缺棱掉角的墙，用 1：3：9 水泥石灰膏混合砂浆掺 108 胶（胶重为水泥重的 10%）拌匀分层抹平，每遍控制厚度宜在 7～9mm，待灰层凝固后浇水养护。

（2）**墙面浇水**（图 2-11） 抹灰前应用细管或喷壶自上而下浇水湿透（水浸入加气混凝土墙面以内深达 10mm 为宜），一般在抹灰前 2d 进行，每天不少于 2 次。

图 2-10 基层清理

图 2-11 墙面浇水

（3）**找规矩** 根据设计图纸要求的抹灰等级，按照基层平整垂直情况，用一面墙做基准先用方尺规方。房间面积较大时，应先在地上弹出十字中心线，然后按基层面平整度弹出墙角线。随即在距阴角 100mm 处吊垂线并弹出铅垂线，再按地上弹出的墙角线往墙上翻引弹出阴角的两面墙面的抹灰层厚度控制线。

（4）**做灰饼、设置标筋**　套方找规矩做好后，以此做灰饼（打墩）。操作时先贴上灰饼，再贴下灰饼，同时要注意分清做踢脚板还是水泥墙裙，选择好下灰饼的准确位置，再用靠尺板找好垂直与平整。灰饼用1∶3水泥砂浆做成5cm见方或近圆形状均可。设标筋（冲筋），用与抹灰层相同的砂浆冲筋，冲筋的根数应根据房间墙面的高度而定。操作时在上下灰饼之间做宽30～50mm的灰浆带，并以上下灰饼为准用压尺杠推刮平；阴阳角的水平标筋应连起来，并相互垂直。冲筋完毕，待稍干后才能进行墙面底层抹灰作业。

（5）**抹水泥踢脚板**　洒水润透墙面，并把污物冲洗干净，用1∶3水泥砂浆抹底层，表面用木杠或2m长靠尺刮平，再用木抹子搓毛，常温下待第二天再抹面层砂浆，面层采用1∶2.5水泥砂浆抹平压光。一般做法为凸出墙面5～7mm，但也有的做法是与墙面一样平。总之要按设计要求施工。

（6）**做护角**　室内墙面、柱面的阳角和门窗洞口的阳角，根据砂浆饼和门窗框边离墙面的空隙，用方尺规方后，分别在阳角两边吊直和固定好靠尺板，用1∶3水泥砂浆打底与贴灰饼找平，待砂浆稍干后再用素水泥浆抹成小圆角（图2-12）。用1∶2水泥砂浆做明护角（比底灰或冲筋高2mm），用阳角抹子推出小圆角，最后用靠尺板在阳角两边50mm以外位置，以40°斜角将多余砂浆切除、清理，其高度不应低于2m，并在过梁底部规方。门窗口护角做完后，应及时用清水刷洗门窗框上的水泥浆。

图2-12　做护角施工现场

（7）**抹底灰和中层灰**　加气混凝土砌块砌筑墙面抹灰（图2-13），一般情况下在冲完筋4h左右就可以施工，注意不要过早或过迟。抹前先刷掺108胶（胶重为水重的20％）的素水泥浆一道，接着用1∶1∶6混合砂浆抹一遍，厚度约5mm，不得漏抹，要用力压，使砂浆挤入细小缝隙内，紧接着分层装档，压实抹平，与冲筋一平，再用大木杠或大靠尺板垂直水平刮找一遍，并且用木抹子搓毛。然后全面进行质量检查，检查底子灰是否抹平整，阴阳角是否规方整洁，管道后与阴角交接处、墙顶板交接处是否光滑平整，并用2m长标尺板检查墙面平整度和垂直度情况。地面、踢脚板和水泥墙裙及管道背后应及时清理干净。

（8）**抹预留孔洞、配电箱、槽、盒**　设专人把墙面上预留孔洞、配电箱、槽、盒周边5cm宽的底灰砂浆清除干净，洒水湿润，改用1∶1∶4水泥混合砂浆把孔洞、箱、槽、盒边抹得方正、光滑、平整（要比底灰或冲筋高2mm）。

图2-13　加气混凝土砌块墙面抹灰

（9）**抹罩面灰**　当底子灰有六七成干时，即可抹罩面灰（若底子灰过干时应充分浇水湿润），罩面灰两遍成活，控制厚度不得大于3mm，宜两人同时操作，即一人先薄薄刮一遍，另一人随后用塑料抹子顺抹子纹压光，随即用毛刷蘸水将罩面灰污染处理干净。施工时不应甩破活，如遇到预留的施工孔洞，以甩下整面墙面为宜。

4. 施工总结

① 将混凝土构件、门窗过梁、梁垫、圈梁、组合柱等表面凸出的部分凿平。对有蜂窝、麻面、露筋、疏松部分的混凝土表面凿到实处，并刷素水泥浆一道（掺水重10%的108胶），然后用1∶2.5的水泥砂浆分层补平压实，把露出的钢筋头和铅丝头（22号钢丝）剔除清掉；脚手眼、窗台砖、内隔墙与楼板、梁底等处堵严实和初砌整齐。

② 消火栓箱、配电箱安装完毕，背后露明部分应钉上钢丝网，接线盒用纸团堵严，管道穿墙洞必须安装套管，且用1∶3水泥砂浆或细石混凝土填嵌密实。

③ 窗帘钩、通风箅子、吊柜、吊扇等预埋件或螺栓的位置和标高应准确，且涂刷好防腐、防锈涂料。

④ 混凝土及加气混凝土砌块墙面的灰尘、污垢和油渍等应清除干净，对混凝土结构表面、加气混凝土块墙面应在抹灰前两天浇水湿透（每天保持两遍以上）。

⑤ 抹灰前搭好抹灰操作用的脚手架（或用钉好的高马凳），架子或高马凳要离开墙或墙角200～250mm，以便于操作。

⑥ 屋面防水工程未完成前进行室内抹灰工程时，必须采取防雨措施。

⑦ 室内抹灰的环境温度应不低于5℃，不得在冻结的墙面、顶棚上抹灰。

⑧ 抹灰前熟悉图纸，编制抹灰方案，做好抹灰样板间，经检查鉴定达到优良标准后再正式抹灰。

⑨ 室内加气混凝土墙面抹灰允许偏差及检验方法见表2-1。

表2-1　室内加气混凝土墙面抹灰允许偏差及检验方法

项目	允许偏差/mm		检验方法
	普通抹灰	高级抹灰	
立面垂直度	4	3	用2m垂直检测尺检查
表面平整度	4	3	用2m靠尺和塞尺检查
阴阳角方正	4	3	用200直角检测尺检查
分格条（缝）直线度	4	3	拉5m线,不足5m拉通线,用钢直尺检查
墙裙、勒脚上口直线度	4	3	拉5m线,不足5m拉通线,用钢直尺检查

三、室内抹石膏灰

1. 施工现场图

室内抹石膏灰施工现场见图2-14。

2. 注意事项

① 门窗框嵌缝用混合砂浆，塞缝前先浇水湿润，缝隙大的应分层多遍填塞，砂浆稠度不宜太稀，并设专人负责此项工作。

② 门窗框要牢固，每侧在墙体中预埋木砖不少于三块，最好预埋预制混凝土砖，随砌墙砌入（砖为等腰梯形，上底×下底×高＝35mm×40mm×70mm，用C10混凝土制作）。木砖要做防腐处理，预埋位置要正确，砌筑牢固。

图2-14　室内抹石膏灰施工现场

③ 底层、中间层抹灰采用低强度砂浆［麻刀：石灰为1：（2～3）］。

④ 基层不宜用水泥砂浆或混合砂浆打底，也不得掺氯盐，以防返潮使面层脱落。

3. 施工做法详解

工艺流程

搭脚手架→基层处理→基层浇水→弹线、吊直、套方、找规矩、贴灰饼→冲筋→做护角→抹窗台板→抹底层灰→抹中层灰→抹水泥踢脚板及墙裙→抹石膏罩面灰。

(1) **搭脚手架** 抹顶棚时，搭好架子（图2-15）。铺好脚手板后，距顶板（或顶棚）高约1.8m。

(2) **基层处理** 抹灰前将墙面顶板挂的废余砂浆、灰尘、污垢、油渍等清除干净。对用钢模板施工的混凝土墙、顶板，应剔平凸出的混凝土，并用钎子凿毛和用钢丝刷满刷一遍，再用1：1细砂浆内掺水重20％的108胶，喷或用笤帚将砂浆甩涂在顶板及墙上，甩点要均匀，终凝后浇水养护，直至水泥砂浆点有足够的强度（用手抠不动为止）。

图2-15 架子搭设

对缺棱掉角的墙，用1：3：9水泥白灰膏混合砂浆掺水重20％的108胶拌匀分层抹平，每遍控制厚度宜在7～9mm。待灰层凝固后浇水养护。

(3) **基层浇水** 抹灰前，应用细管或喷壶自上而下浇水湿透，一般在抹前2d进行，每天不少于两次。

(4) **弹线、吊直、套方、找规矩、贴灰饼** 顶板抹灰根据＋500mm水平线找出靠近顶板四周的水平线，然后用粉线包或墨斗在顶板（棚）弹出抹灰水平控制线。

墙面根据基层表面平整垂直情况，经检查后确定抹灰厚度（按图纸要求分普通、中级、高级）。但最少不应小于7mm，墙面凹度较大时要分层抹。用线坠、方尺、拉通线等方法贴灰饼，先在1.8m高处做上灰饼，踢脚板上口做下灰饼，用拖线板找正垂直，下灰饼也作为踢脚板依据。灰饼用1：3水泥砂浆做成5cm见方或圆形，水平距离为1.2～1.5m。

(5) **冲筋** 墙面用与抹灰层相同的砂浆冲筋，冲筋的根数应根据房间墙面的高度而定。操作时在上下灰饼之间做宽30～50mm的灰浆带，并以上下灰饼为准用压尺杠推刮平；阴角的水平冲筋应连起来，并相互垂直。

(6) **做护角** 应先根据灰饼和冲筋把门窗口角和墙面、柱面阳角抹出水泥护角；用1：0.3：2.5混合砂浆做明护角，其高度不应低于2m，每侧宽度不小于50mm。在抹水泥护角的同时，用1：1：6水泥混合砂浆分两遍抹好门窗口边及碹脸底子灰。如窗口边宽度小于10cm时，可在做水泥护角时一次抹成。

(7) **抹窗台板** 先把窗台基层清理干净，对松动砖要重新砌筑。砖缝要划深，浇水湿透，然后用1：2：3细石（豆石）混凝土铺实，厚度应大于2.5cm，次日再刷掺108胶（胶重为水重的10％）的素水泥浆一道，接着抹1：2.5水泥砂浆面层，要压实压光，待面层有初始强度或表面开始变为白颜色时，浇水养护3～4d。施工时要特别注意窗台板下口平直，不得有毛刺。

(8) **抹底层灰** 混凝土顶板应先浇水湿润，抹前先刷掺108胶（胶重为水重的10％）

的素水泥浆一道，随刷随打底灰；底灰采用1∶（2～3）麻刀石灰膏打底，厚度为2mm，操作时用力抹压，将底灰挤入细小孔隙中；对顶板凹度较大的部位，大致找平压实，待其干后再打大面积底层灰，其厚度每遍不宜超过8mm，操作时用力抹压，然后用压尺杠刮平。

图 2-16　墙面抹底灰

墙面抹底灰（图2-16）时，一般需在抹灰前一天用水把墙面浇透，先刷掺108胶（胶重为水重的10%）的素水泥浆一道，随刷随打底；底灰采用1∶（2～3）麻刀石灰膏打底，高级抹灰的厚度为11mm，每遍厚度宜在5～7mm，应分层分遍抹，用大木杠刮平找顺直，用木抹子搓平搓毛。

（9）**抹中层灰**　对于顶板抹中层灰，应在打底灰后紧跟着抹第二遍1∶（2～3）麻刀石灰膏，中层厚度为6mm左右，抹后用木杠或靠尺刮抹顺平，用木抹子搓平。

对于墙面抹中层灰，同样在打底灰后紧接着抹第二遍1∶（2～3）麻刀石灰膏，中层灰厚度为7mm，接着用大木杠刮平找直，用木抹子搓平。然后用拖线板全面检查中层抹灰是否垂直、平整，阴阳角是否方正、顺直，管后与阴角交接处、墙面与顶板交接处是否平整、光滑。踢脚板、水泥墙裙上口处和管道背后等应及时清理干净。

（10）**抹水泥踢脚板及墙裙**　将基层清理干净，洒水湿透，抹前先刷一道素水泥浆（内掺水重10%的108胶），接着抹1∶3水泥砂浆底灰，用木抹子搓毛，面层用1∶2.5水泥砂浆压实压光，应凸出抹灰面5～7mm，但要注意出墙面厚度一致，上口平直、光滑。

（11）**抹石膏罩面灰**　石膏灰抹灰属于室内高级装修抹灰。

抹顶板石膏罩面灰，待第二遍灰至六七成干时，即可抹罩面灰；采用石膏粉∶水∶石灰膏＝13∶6∶4的抹灰石膏，罩面分两遍成活，约2mm厚。第一遍罩面灰越薄越好，在第一遍抹灰面收水时即进行第二遍抹灰，要稍平；随即用铁抹子修补压光两遍，最后用钢皮抹子或塑料抹子溜光至表面密实光滑为止。

抹墙面石膏罩面灰（图2-17），待第二遍灰至六七成干时，即可抹罩面灰（若中层过干时，应充分浇水湿润），采用13∶6∶4石膏

图 2-17　抹墙面石膏罩面灰

灰，分两遍成活，厚度约2mm。操作时最好两人同时抹。第一遍罩面灰，先一人薄薄刮抹一遍，另一个人随即抹第二遍，随即用铁抹子修平压光两遍，最后用钢皮抹子或塑料抹子压光至表面平整、密实、光滑为止。

4. 施工总结

① 石膏用乙级建筑石膏，硬结时间为5min左右，过4900孔/cm² 筛筛余量不大于

10％，且罩面石膏不得抹涂在水泥砂浆层上。

② 淋制石灰膏的熟化时间以不少于30d为宜。采用磨细生石灰粉时，应提前3～4d熟化成石灰膏。

③ 对已开花的抹灰表面，一般待未熟化的石灰颗粒完全熟化膨胀后再处理。处理方法是挖掉开花处松散表面，重新用腻子或石膏灰浆刮平后再补抹罩面石膏灰。

④ 基层过干应及时洒水湿润，并薄薄地刷一道掺108胶（胶重占水重10％）的纯水泥浆后再抹石膏罩面灰。随抹随压光两遍，使表面密实光滑。

⑤ 抹灰前要统一全面考虑墙面，柱和阴阳角等事先统一吊垂直线，踢脚板、墙裙等统一找水平线，然后贴灰饼、冲筋和打底找平，抹灰时均以此做基准线。

⑥ 抹灰前先吊线找好阴阳角规矩，抹灰时用大木杠搓平、搓直、找顺。同时阴阳角两个面应分先后施工，严禁后抹罩面灰时污染墙面；也要特别注意保护阴阳角，不要把阴阳角碰坏或划出一道道小沟，以保证阴阳角平直清晰。

⑦ 室内抹石膏灰的允许偏差及检验方法见表2-2。

表2-2　室内抹石膏灰的允许偏差及检验方法

项目	允许偏差/mm		检验方法
	中级抹灰	高级抹灰	
立面垂直度	5	3	用2m拖线板和尺量检查
表面平整度	4	2	用2m靠尺及楔尺检查
阴阳角方正	4	2	用20cm方尺和楔尺检查
分格条(缝)直线度	3	2	拉5m小线和尺量检查

四、室内彩色薄抹灰

1. 施工现场图

室内彩色薄抹灰施工现场见图2-18。

图2-18　室内彩色薄抹灰施工现场

2. 注意事项

① 门窗框、隔断墙、水暖和电气管线、消防栓箱、预埋件、木砖等已安装与埋设完，缝隙已填塞密实。

② 抹灰前，应检查门窗框位置是否正确。铝合金门窗框边缝隙所采用的嵌塞材料应符合设计要求，并堵塞密实，同时应事先粘贴好塑料保护膜；门口包铁皮或其他材料保护。

③ 堵好脚手眼，墙面缺陷补好。

④ 根据墙面高度和室内具体情况，事先搭、钉好抹灰操作用的架子或高马凳，现搭架子要离开墙面及门窗口角 20～25cm，以利操作。

⑤ 施工环境温度应在 5℃ 以上。

⑥ 大面积施工前应先做彩色薄抹样板，经检查鉴定合格后，再全面进行彩色薄抹灰施工。

3. 施工做法详解

`工艺流程`

清理基层→贴灰饼、设标筋→抹底灰、中层灰→封闭基层→配料→涂抹面层→赶平压光。

图 2-19　墙面基层清理

(1) **清理基层**（图 2-19）　扫除基层表面灰尘，清理干净基层的污垢和油渍等杂物，并浇水湿透。

(2) **贴灰饼、设标筋**　打底灰前，应先贴灰饼、抹标筋（冲筋），操作时用靠尺板、线坠、方尺、拉通线方法进行吊垂直、套方找规矩、贴灰饼，先贴上灰饼、再贴下灰饼，宜用 1∶1∶6 水泥混合砂浆做成 5cm 见方或呈圆形均可，其厚度符合规定（约 15mm），再以此为准进行冲筋。

(3) **抹底灰、中层灰**　用 1∶1∶6 水泥石灰混合砂浆或水泥砂浆，分两遍抹平，厚度为 15mm 左右，要压实、找平、搓粗，使表面平整、垂直、稍粗。

(4) **封闭基层**　用排笔涂刷专用的封闭剂，涂刷时不能过厚，涂刷均匀，不能漏刷，刷后 3～5h，当封闭剂干燥后即可抹面层。

(5) **配料**　按照设计要求，将单色或多色的彩渣等骨料按比例掺合，并将专用的胶黏剂放在桶里（塑料或白铁），用搅拌器拌均匀；再将掺合好的骨料、助剂等投入桶内，用搅拌器充分搅拌，视稠度大小可适当加水，直到稠度符合涂抹操作要求为止。搅拌时间不少于 5min。搅拌好了应盖严，以防污染。

(6) **涂抹面层**（图 2-20）　涂抹前应将墙上预留洞的位置确定准确，大小适宜。当基层表面的封闭剂干燥后，用灰板托砂浆，用抹子从墙面一端开始，由上而下、从左向右依次刮抹，其厚度为 1～3mm，厚薄均匀，不得透底，要一次成活，不得停歇，不得后

图 2-20　面层涂抹

补，不得用铁抹子，以防反锈，应选用木抹子或塑料抹子。

（7）**赶平压光**　在彩色砂浆结膜前，依照抹面层顺序，进行赶平压光。手要稳，使劲要均匀。赶压1～2遍，表面平滑、整洁、光亮一致，不宜反复赶压。

4. 施工总结

① 抹完底层和中层灰以后，在抹彩色面层之前，应进行细致检查，要求表面平整、立面垂直、棱角通顺、阴阳角方正，达到高级抹灰标准，若有表面不平、阳角破损，应及时修补。

② 基层表面有灰尘、油污等杂物应清理干净，保证基层与面层之间黏结牢固。

③ 为了使彩色薄抹面层色泽一致、光洁美观。涂抹前，必须按设计要求配料，按比例掺合，搅拌均匀，稠度大小合适。

④ 在砂浆结膜之后，不能再修补，防止翻砂、脱落和颜色不均。

⑤ 面层涂抹成活后，不得剔凿，因剔凿后很难修复。

⑥ 室内彩色薄抹灰允许偏差及检验方法见表2-3。

表 2-3　室内彩色薄抹灰允许偏差及检验方法

项目	允许偏差/mm	检验方法
立面垂直度	4	用2m拖线板和尺量检查
表面平整度	3	用2m靠尺及楔形尺检查
阴阳角方正	3	用20cm方尺和楔形尺检查
分格条（缝）直线度	3	拉5m线，不足5m拉通线和尺量检查
墙裙上口直线度	3	拉5m线，不足5m拉通线和尺量检查

五、内墙面扫毛灰

1. 施工现场图

内墙面扫毛灰施工现场见图2-21。

2. 注意事项

① 抹灰前将基层表面清理干净，脚手眼等孔洞填实堵严，混凝土墙面凸出部分要事先剔平刷净。

② 蜂窝、凹洼、缺棱掉角处，应先刷一遍1∶4的108胶水溶液，再用1∶3水泥砂浆修补。

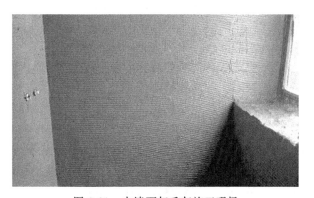

图 2-21　内墙面扫毛灰施工现场

③ 加气混凝土墙面缺棱掉角和板缝处，应先刷掺108胶（质量为掺水质量的20%）的素水泥浆一道，再用1∶1∶6水泥石灰砂浆修补填平。

3. 施工做法详解

工艺流程 ▷▷▷▷▷

基层处理→浇水湿润基层→贴灰饼、设标筋→抹底灰、中层灰→贴分格条→抹面灰→扫出纹理→涂料罩面→抹水泥踢脚板、墙裙。

（1）**基层处理**　基层为砖墙时，应将表面砂浆、灰尘清扫干净；基层为混凝土时，凸出

图 2-22　墙面凿毛施工

部分应剔平，凹进部分应用水泥砂浆补平。光面需凿毛（图 2-22）。有油渍隔离剂等，可用 10% 的火碱水溶剂冲洗，再用清水把碱液洗净，也可涂界面处理剂，可省去凿毛。若基层为加气混凝土，先用笤帚将墙面凹处清扫干净，再用 1：3：9 水泥石灰混合砂浆掺水泥重量 20% 的 108 胶拌匀分层补平，每遍厚度宜在 7～9mm。

（2）**浇水湿润基层**　抹灰前对砖墙面、混凝土墙面、加气混凝土墙面都要湿透（对于加气混凝土墙面以深达 10mm 为宜）。

（3）**贴灰饼、设标筋**　打底前，应先贴灰饼、抹标筋（冲筋），操作时用靠尺板、线坠、方尺、拉线等工具进行吊垂直、套方找规矩、贴方找规矩、贴灰饼，先贴上灰饼再贴下灰饼，宜用 1：1：6 水泥混合砂浆做成 5cm 见方或呈圆形均可，其厚度符合规定（15mm 左右），再以此为准进行标筋。

（4）**抹底灰、中层灰**　用 1：1：6 水泥石灰混合砂浆或用水泥砂浆，分两遍抹平，厚度为 15mm 左右。要压实、找平、搓粗，使表面平整、垂直、粗糙。

（5）**贴分格条**　根据设计要求，若分块扫毛，可在底层灰上分块弹线贴分格条，由两人在墙上弹线，一人在上，一人在下观察调整。分块尺寸一般有 26cm×60cm、26cm×30cm、50cm×80cm、50cm×50cm 等尺寸组合。木条提前一天浸湿，用水泥浆粘好，达到平整、垂直、通顺的要求。在墙面阳角处，可镶贴斜口直尺。

（6）**抹面灰**　将底层浇水湿润。采用水泥混合砂浆，配合比为水泥：石灰膏：砂＝1：0.3：4 或 1：1：6 水泥石灰砂浆。面层厚度 6～10mm，用铁抹子或木抹子依照分格条为准抹面层，并用笤帚洒水，木抹子抹平。

（7）**扫出纹理**　当面层稍收水后，按照设计图案、用竹丝帚扫出条纹，纵向从上到下，横向从左到右，按照先后顺序进行，每块条纹应一块横向、一块竖向，横竖交错。如果相邻块横竖方向有矛盾时，就用木抹子抹平，不扫条纹。

在扫条纹时，面层砂浆太干，扫出的条纹不清晰；面层砂浆太湿，扫出的条纹不整齐，因此面层砂浆的干湿程度一定要适宜。当条纹扫好，纹理均匀，面层砂浆凝固后，用喷壶浇水养护 3～7d。适时（有一定强度）全部取出分格条，用水泥浆修补凹槽，使凹槽宽窄深浅一致、平整光滑、棱角整齐、清晰美观。

（8）**涂料罩面**　在面层达到强度干燥后，扫除浮砂，然后用乳胶漆或油漆（按设计指定）涂刷面层（图 2-23）。相邻的分格块宜采用接近颜色，颜色深浅变化以取得较好的装饰效果为准。

（9）**抹水泥踢脚板、墙裙**　基层清理干净，浇水湿润，刷掺水重 10% 的 108 胶的水泥素浆一道，接着抹 1：3 水泥砂浆底层，表面用木抹子搓毛，面层用 1：2.5 水泥砂浆压光，凸出扫毛面层厚 5～7mm（但要厚度一致），上口平直、光滑。

图 2-23　涂刷面层

4. 施工总结

① 基层墙面应在施工前浇水湿润，要浇匀浇透。抹上底子灰后，用硬木杠找平，搓抹时砂浆还应很柔软。

② 统一拉通线弹出水平分格线，几个层段应统一吊线分块。

③ 分格条用前要在水中泡透。水平分格条一般应粘贴在水平线下边，竖向分格条一般应粘贴在垂直线左侧，以便检查其准确度，防止发生错缝、不平等现象。

④ 分格条两侧抹八字形水泥浆固定时，当天扫毛稍收水后就可以起出分格条。

⑤ 内墙面扫毛允许偏差及检验方法见表 2-4。

表 2-4　内墙面扫毛允许偏差及检验方法

项目	允许偏差/mm	检验方法
立面垂直度	5	用 2m 拖线板和尺量检查
表面平整度	4	用 2m 靠尺及楔尺检查
阴阳角方正	4	用 20cm 方尺和楔尺检查

六、内墙面拉毛、条筋拉毛、拉条灰

1. 施工现场图

内墙面拉毛施工现场见图 2-24。

2. 注意事项

① 要轻拆轻放脚手架和高马凳及跳板，严防碰坏拉毛、条筋拉毛及拉条抹灰的墙面。

② 防止水泥浆、石灰浆、颜料、油质液体污染墙面。也要教育施工人员，不要在墙面上乱写乱画或脚蹬、手抹或随意生火造成烟熏火燎污染墙面。

③ 拉毛波纹、斑点、毛疙瘩深浅一致；条筋毛边自然、洁净、清晰、顺直；拉条灰整洁清晰、美观大方。

④ 线条平直、通顺、清晰，深浅一致，光滑洁净，间隔均匀，不显接槎，上下端灰口齐平。

图 2-24　内墙面拉毛施工现场

⑤ 花纹、色彩均匀一致，素雅明快，深浅变化层次分明，视觉效果舒适。

3. 施工做法详解

`工艺流程` >>>>>

基层清理→粘贴灰饼和设置标筋→抹底、中层灰→设置嵌条→拉毛灰→条筋拉毛→拉条灰→养护。

(1) 基层清理　基层表面的灰渣、污垢和油渍等，应清除干净，并浇水湿润。对不太粗糙的基层表面应凿毛，或用掺 108 胶（胶重占水重 10%）的水泥砂浆洒毛，使基层与粉刷层黏结牢固。

(2) 粘贴灰饼和设置标筋　检查基层表面平整度和垂直度，拉水平通线，挂吊垂线，找规矩，用与底、中层刮糙相同的砂浆粘贴灰饼和设置标筋。

(3) 抹底、中层灰　用 1∶0.5∶4 的混合砂浆抹底层灰（图 2-25）、中层灰，表面刮糙，厚度约为 15mm。分层压实抹平，两遍成活。

图 2-25　内墙抹底层灰

（4）**设置嵌条**　按照墙面大小和设计图案，选定拉毛线间距尺寸（一般为 500mm）嵌条。内墙上口离顶棚 60mm，下面接踢脚板。

（5）**拉毛灰**

① 纸筋石灰罩面拉毛，是一人先抹纸筋石灰，另一人紧跟着用硬毛鬃刷往墙上垂直方向拍拉，拉出毛头。操作时用力要均匀，使毛头显露均匀、大小整齐一致、厚薄一致（一般为 4～20mm）。

② 水泥石灰加纸筋砂浆拉毛，待中层砂浆五六成干时，浇水湿润墙面，刮涂一道水灰比为 0.37～0.40 的水泥砂浆，以保证拉毛面层与中层黏结牢固。操作时，一人在前涂刮素水泥浆，另一人在后进行拉毛（混合砂浆配合比为 1∶0.5∶1）。拉毛用白麻缠成的圆形刷子，将砂浆一点一带，带出均匀一致的毛疙瘩。

（6）**条筋拉毛**　条筋拉毛给人一种类似树皮的美感，适用于内墙面装饰工程施工。待中层砂浆六七成干时，刮素水泥浆一遍，然后抹水泥石灰砂浆面层，随即用专用硬毛鬃刷，蘸 1∶1 水泥石灰浆拉细毛面，刷条筋。刷条筋前，先在墙上弹垂直线，线与线距离约 40cm 为宜，作为刷筋的依据。条筋的宽度为 20mm，间距约 30mm。刷条筋宽窄不要太一致，应带点自然毛边，比拉毛面凸出 2～3mm，稍干后用钢皮抹子压一下即成，要求条筋间的拉毛应保持清洁、清晰。最后按设计规定刷白浆。

（7）**拉条灰**　拉条灰是根据设计要求的条形，用杉木、红松或椴木等木板做成条形模具。通过上下拉动，使墙面抹灰呈规则的细条、粗条、波形条、半圆条、梯形和长方形条等形状。它可以代替拉毛灰、洒毛灰等，具有吸音效果好、美观大方、整洁清晰、不易积灰、成本低、易操作等优点。

拉条灰的基层处理，底层、中层抹灰与拉毛灰、条筋拉毛灰相同（即一般抹灰）。抹灰前必须根据所弹的线，用素水泥浆贴 10mm×20mm 木条子。层高 3.5m 以上，可从上到下加钉一条 18 号铁线作滑道，以免中途模子遇砂粒波动而影响质量。拉条时，墙面砂浆强度达 70% 才能涂抹黏结层及罩面砂浆，砂浆干湿要适宜，使其达到能够拉动的稠度。操作时，应按竖格连续作业，一次抹完，上下端灰口齐平，罩面灰应揉平压光。高的墙面可由 2～3 人一组，每步架都有人，上步架拉好传给下步架，依次往下，但模具只能用同一个，否则上下接头对不好，如遇墙裙、踢脚板，应拉过 1～2cm，免得二次接头困难，影响质量。整个顺序应由左至右、由上至下，也可从墙面中间向两侧进行，但一条拉条灰要一气呵成，不能中断停留。待拉条灰拉好后去掉木条，用小铁皮抹子加浆精心修补成型。

（8）**养护** 面层砂浆凝结后，用喷壶洒水养护 3～7d，待干燥后，用笤帚扫去浮砂浆渣等。

4. 施工总结

① 要想拉毛灰波纹、斑点及毛疙瘩均匀一致、颜色协调，关键是基层浇水湿透，砂浆稠度控制均匀，严格按分格缝或工作段进行拉毛成活，用力应平稳均匀，快慢一致，不得中途停顿甩槎；表面平整，避免出现凹陷部分附着色浆多、颜色深，凸出部分附着色浆少、颜色浅或光滑部分色浆粘不住、粗糙的部分色浆粘得多等现象，造成饰面颜色不均。

② 条筋拉毛、拉条灰，应注意毛边自然，线条平直、通顺、清晰、深浅一致等。一要全面统一吊线找规矩，粘贴轨道，作为拉抹灰条的基准；二是一次成活，较高的墙面应分组连续抹拉成型，中途不得调换灰浆配合比和模具，且操作人员不得随意停顿。

③ 为防止抹灰裂缝、起壳，抹灰前应将基层清理干净，剔平墙面凸出部分，且刷净浮渣，对有凹洼、蜂窝、缺棱、掉角处应修补好，提前 1～2d 浇水湿润基层，每天不少于两遍。抹罩面灰时，砂浆如失水快，需洒水湿润，以保证线模顺利拉动；操作时应不断加进灰浆，上下搓压。施工完毕后应确保砂浆压实搓平，整齐一致。

七、内墙抹防水砂浆

1. 施工现场图
内墙抹防水砂浆施工现场见图 2-26。

2. 注意事项

① 通风箅子、吊柜、吊灯等预埋件或螺栓的位置和标高应设置准确，且做好防锈、涂料工作。

② 混凝土及砖墙结构表面的灰尘、污垢和油渍等应清除干净，对混凝土结构表面、砖墙表面应在抹灰前浇水充分湿润。

③ 搭好抹灰用的脚手架，铺好跳板（也可用木方钉成高马凳），架子或高马凳应离开墙面及墙角 200～250mm，以便于操作。

图 2-26　内墙抹防水砂浆施工现场

3. 施工做法详解

工艺流程

基层处理→抹面层防水砂浆→复抹。

图 2-27　抹面层防水砂浆

（1）**基层处理** 清理基层，对基层的凸处剔平，并浇水湿润，凹处用 1:3 水泥砂浆分层补平压实，待达到一定强度后清理干净，并涂刷素水泥浆（内掺水重 10% 的 108 胶）一遍。

（2）**抹面层防水砂浆** 面层防水砂浆是分"四层"或"五层"做法成活的。每一层防水砂浆为素水泥浆 1～2mm，防水水泥砂浆 5～7mm。每层在前一层凝固后铺抹（图 2-27）。其铺抹操作方法同一般抹灰。

（3）**复抹**　最后一层防水水泥砂浆铺抹后，在砂浆收水、初凝之前，应用钢抹子反复抹压密实，使表面光滑、平整。

4. **施工总结**

① 孔洞、槽、盒、管道后面的抹灰表面要求：尺寸正确，边缘整齐、光滑；管道后面平整。

② 门窗框与墙体间缝隙填塞密实，表面平整。护角高度应符合施工规范的规定，表面光滑平顺。

③ 一般抹灰工程抹面的允许偏差及检验方法见表 2-1 中的相关内容及规定。

八、内墙抹重晶石砂浆

图 2-28　内墙抹重晶石砂浆施工现场

1. **施工现场图**

内墙抹重晶石砂浆施工现场见图 2-28。

2. **注意事项**

① 水泥：32.5 强度等级普通硅酸盐水泥，但不能掺入其他混合料。

② 砂：一般洁净中砂，不宜采用细砂。

③ 钡砂（重晶石）：粒径 0.6～1.2mm，无杂质。

④ 钡粉（重晶石粉）：细度全部通过 0.3mm 筛孔。

3. **施工做法详解**

工艺流程 >>>>>>

清理基层→底层砂浆抹灰→重晶石砂浆搅拌→面层施工→阴阳角抹灰。

（1）**清理基层**　将混凝土结构表面或砖墙表面的灰渣、尘土清理干净，并凿除凸出部分，然后浇水充分湿润基层，对表面的凹处用 1:3 水泥砂浆补平，且随时清扫干净。

（2）**底层砂浆抹灰**　用 1:3 水泥砂浆打底，操作方法同一般抹灰。

（3）**重晶石砂浆搅拌**　重晶石砂浆配合比（见表 2-5）为水：水泥：砂子：重晶石砂：重晶石粉＝0.48:1:1:1.8:0.4，需用 50℃ 水拌制。首先将重晶石砂与水泥搅拌，后用砂子与重晶石粉加 50℃ 水拌制并搅拌均匀。

表 2-5　重晶石砂浆配合比

材料名称	水	水泥	砂子	重晶石砂	重晶石粉
配合比（质量比）	0.48	1	1	1.8	0.4
每立方米用量/kg	252.5	526	526	947	210.4

（4）**面层施工**　面层根据设计厚度分层施工，每层厚度不超过 3～4mm，每天抹一层，一般设计厚度 7～8 次抹成活。抹时应一层竖抹，一层横抹，每层应连续施工，不得中断、不留缝，有裂缝应铲除重抹，抹后 0.5h 压一遍，并划毛。间隔 24h 时再抹一层，最后面层压光，第二天用喷雾器喷水养护 14d 以上。

（5）**阴阳角抹灰**　对内墙阴阳角要抹圆滑，每天抹灰后，昼夜喷五次水，关门窗封闭，使其有足够湿度。

4. 施工总结

① 室内抹灰的环境温度一般应不低 5℃，不得在冻结的墙面、顶棚上抹防水砂浆。

② 抹灰前应认真学习施工图纸，制订抹重晶石砂浆施工操作工艺，做好样板间，经有关部门检查、鉴定合格后，方可进行抹灰施工。

九、内墙抹耐酸砂浆

1. 施工现场图

内墙抹耐酸砂浆施工现场见图 2-29。

2. 注意事项

① 原材料进场后放在防雨的干燥库房内。

② 原材料的技术指标应符合设计要求和国家现行规范规定的标准［《建筑防腐蚀工程施工质量验收标准》（GB 50224—2018）］。

图 2-29　内墙抹耐酸砂浆施工现场

3. 施工做法详解

工艺流程 ▷▷▷▷▷

基层清理→基层施工→抹耐酸砂浆。

（1）**基层清理**　首先清理干净基层上的灰尘、灰渣。其次对基层的凸出部分应凿平，清扫干净；凹处用 1∶3 水泥砂浆分层分遍填实抹平，待有一定强度时清扫干净。

（2）**基层施工**　基层应干燥，有足够的强度，表面要平整、清洁，无起砂、起壳、裂缝及蜂窝麻面等现象。在深度为 20mm 的厚度层内，含水率不大于 6%。铺设水玻璃类材料时，应在基层上设隔层（如沥青卷材和高分子类卷材等）。

（3）**抹耐酸砂浆**　涂抹耐酸砂浆时，应分层涂抹，每层厚度为 2～3mm，层间应涂以稀胶泥结合层，并间隔 12h 以上，涂抹应按一个方向连续抹平压实。在棱角或转角处，应抹成斜面或圆角，每涂抹一层，等终凝后方可涂抹下一层。抹耐酸砂浆应连续进行，如有间歇，接缝隙处应涂刷稀胶泥底子一遍，稍干后再继续抹，直至抹完面层。待耐酸砂浆表面收水后，用钢抹子将面层抹平、压光。

4. 施工总结

① 原材料应有出厂合格证、检验资料或复验资料（试验报告单）。

② 氟硅酸钠有毒，应做出标记，安全存放。

十、内墙抹蛭石保温砂浆

图 2-30　内墙抹蛭石保温砂浆施工现场

1. 施工现场图

内墙抹蛭石保温砂浆施工现场见图 2-30。

2. 注意事项

① 抹膨胀蛭石砂浆灰应随抹随即将粘在门窗框上的残余砂浆清擦干净。对铝合金门窗框一定要粘贴塑料薄膜保护，并一直保持到竣工前需清擦玻璃为止。

② 内墙抹膨胀蛭石砂浆灰，要随抹随注意保护墙面上的预埋件、窗帘钩、通风箅子等，同时

要注意墙面上的电线盒、电开关、家电插座、水暖、设备等的预留洞及空调线的穿墙孔洞等不得随意堵死。

3. 施工做法详解

工艺流程 >>>>>

清洗基层→底层与面层抹灰。

(1) 清洗基层 须事先清洗基层，然后喷石灰水一道或喷厚度为 2～3mm 的水泥细砂浆 [1:(1.5～3) 配比] 一遍。

(2) 底层与面层抹灰

① 抹灰分两层操作，底层厚度宜为 15～20mm，面层灰厚度宜为 10mm。

② 为避免蛭石砂浆会因厚度过厚而发生裂缝，在底层抹灰完成后，须经一昼夜后可抹面层。

③ 抹灰时用力要适当。用力过大，易将水泥浆由蛭石缝间挤出，影响灰浆强度；过小则非但灰浆与基层结合不牢，也影响灰浆自身强度。

④ 膨胀蛭石灰浆配好后，应在 2h 内用完，须边用边拌，使浆液保持均匀，否则，将会影响灰浆质量。

4. 施工总结

① 抹灰前必须全面检查门窗框安装是否牢固，位置是否正确，是否方正平整，是否安装反了等。如有，要进行认真调整，使其符合设计要求及国家现行施工验收规范规定的标准。

② 抹灰前必须把门窗框与墙体之间连接处的缝隙用 1:3 水泥砂浆嵌塞密实，或用 1:1:6 混合砂浆分层嵌塞密实。

③ 在拌制膨胀蛭石砂浆时，必须按配合比做好计量工作，塑化剂稀释使之获得很好的和易性，以确保蛭石砂浆的强度。

④ 抹蛭石砂浆的样板间经质检部门检查鉴定，符合设计要求及现行规范规定的标准后，方可进行大面积抹灰。

⑤ 膨胀蛭石砂浆抹面允许偏差及检验方法见表 2-6。

表 2-6　膨胀蛭石砂浆抹面允许偏差及检验方法

项目	允许偏差/mm		检验方法
	中级	高级	
立面垂直度	5	3	用 2m 拖线板检查
表面平整度	4	2	用 2m 靠尺及楔尺检查
阴阳角方正	4	2	用 20cm 方尺和楔尺检查
分格条(缝)直线度	3	2	拉 5m 小线和尺量检查

十一、内墙抹膨胀珍珠岩保温砂浆

1. 施工现场图

内墙抹膨胀珍珠岩保温砂浆施工现场见图 2-31。

2. 注意事项

① 膨胀珍珠岩保温砂浆抹灰，应随抹随即将粘在门窗上的残余灰浆清擦干净。对铝合

金门窗一定要用塑料薄膜缠好保护，并一直保持到竣工前需清擦玻璃时为止。

② 内墙抹膨胀珍珠岩保温砂浆，应随抹随注意保护墙面上的预埋件、窗帘钩、通风算子等，同时要注意墙面上的电线盒、电开关、家电插座、水暖、设备等的预留洞及空调线的穿墙孔洞等不得随意堵死。

图 2-31　内墙抹膨胀珍珠岩保温砂浆施工现场

3. 施工做法详解

膨胀珍珠岩保温砂浆抹灰操作，基本上与一般石灰砂浆或石膏罩面一样，所不同的内容如下。

① 采取底、中面层抹灰时，基层需适当湿润，但不过湿，因膨胀珍珠岩灰浆有良好的保水性；采用直接抹罩面灰时（一般用于加气混凝土条板、大模板混凝土墙面），基层涂刷 1∶（5～6）的 108 胶或聚醋酸乙烯乳液（如基层表面有油迹，应先用 5%～10%火碱水溶液清洗 2～3 遍，再用清水冲刷干净）。

② 抹底层灰厚度宜为 15～20mm，分层操作；中层灰厚度宜为 5～8mm。为避免干缩裂缝，在底层抹灰完后，须隔夜方可抹中层灰。灰浆稠度宜在 10cm 左右，不宜太稀。待中层灰稍干时用木抹子搓平，待六七成干时，方可罩纸筋灰面层。

③ 采用直接抹罩面灰时，要随抹随压，至表面平整光滑为止，厚度越薄越好，一般以 2mm 左右为宜。

4. 施工总结

① 膨胀珍珠岩保温砂浆抹灰前，必须全面检查门窗框安装是否牢固，位置是否正确，是否方正平整，是否安装反了等。如有，要进行认真调整，使其符合设计要求及国家现行施工验收规范规定的标准。

② 抹灰前必须把门窗框与墙体之间连接处的缝隙，用 1∶3 水泥砂浆嵌塞密实或用 1∶1∶6 混合砂浆分层嵌塞密实。

③ 在拌制膨胀珍珠岩保温砂浆时，必须按配合比做好计量工作。泡沫剂的加入量一定要适量，使之获得很好的和易性，以确保膨胀珍珠岩砂浆的强度。

十二、内墙粉刷石膏饰面

1. 施工现场图

图 2-32　内墙粉刷石膏饰面施工现场

内墙粉刷石膏饰面施工现场见图 2-32。

2. 注意事项

① 冬期施工室内抹粉刷石膏饰面，环境温度应该在 5℃以上。

② 粉刷石膏料浆上墙的温度应该在 5℃以上，料浆不得受冻，受冻的料浆不能使用。如果室内温度较低，可以用 15～30℃的温水拌制料浆。

③ 抹灰前，做好门窗洞口的封闭工作，不得在冻结的基层上施工。施工完毕，粉刷石膏没有干燥前不得受冻。并保证在采暖的条件下进行施工。

3. 施工做法详解

工艺流程 >>>>

基层处理→配制料浆→墙面贴灰饼、做标筋→墙面抹灰（刮料浆）→压光。

（1）基层处理 将基层灰尘、油污清除干净；对基层表面的凹凸不平和孔洞进行处理（凹处用砂浆分遍补实抹平，凸处凿平，孔洞用砖和水泥砂浆堵严抹平），使基层平整、牢固；同时对基层表面适量喷水湿润，但对明显潮湿的墙和有水珠的墙面应该暂缓施工。

（2）配制料浆

① 粉刷石膏料浆配合比采用质量比。面层型粉刷石膏按水灰比 0.4∶1 备料，先将水放入搅拌桶，再倒入灰料，用手提式电动搅拌器搅拌均匀，搅拌时间为 2～5min，使料浆达到施工所需要的稠度，静置 15min 后再进行第二次搅拌，拌匀后就可以使用。

② 底层型粉刷石膏的配合比为水∶粉刷石膏∶砂＝（0.5～0.6）∶1∶1，先将水和粉刷石膏搅拌均匀，再加入砂子，搅拌至合适的稠度。

③ 保温型粉刷石膏的配合比，应该根据设计的要求通过试验确定。

图 2-33 抹石膏罩面灰

（3）墙面贴灰饼、做标筋 按墙面平整度要求套方找出规矩，贴灰饼设标筋（冲筋）。层高 3m 以下设置高性能横筋 2 道。竖筋间距 1.5m 左右，冲筋宽为 30～50mm。

（4）墙面抹灰（刮料浆） 抹灰前喷适量水湿润基层。抹灰厚度小于 5mm 的可以直接使用面层型粉刷石膏。抹灰厚度为 5～20mm 的，可以先用底层型粉刷石膏打底，再用面层型粉刷石膏罩面。抹灰时，用灰板和抹子将料浆抹在墙面上，用靠尺或刮板（刮杠）紧贴标筋上下左右刮平压实，使墙面平整垂直（图 2-33）。

当抹灰层厚度超过 8mm 时，应分层施抹，每层厚度控制在 8mm 以内，待上一层料浆终凝后再抹下一层。

（5）压光 压光应在终凝前进行，以手指按压表面不出明显压痕为好，一般在抹后 30min 左右进行压光。用铁抹子压光，同时配合泡沫塑料抹子蘸水搓揉，以使表面平整光滑。

4. 施工总结

① 料浆拌制应按配合比要求投料，过稀或过稠时，可适当调整配合比。一次投料量应根据环境温度、湿度和天气情况来确定，以在初凝前用完为宜。初凝后的料浆不得加水使用。

② 粉刷石膏在施工时不允许掺入外加剂。如需掺入外加剂，应该进行试验。

③ 粉刷石膏在运输和储存过程中应防止受潮。如果使用中发现少量结块现象，应该过筛。

④ 施工完毕，及时将抹灰工具及机械设备清洗干净，以利再用。

⑤ 施工完毕的墙面饰面，应避免磕碰、水冲、浸泡，要保证室内通风良好。

⑥ 室内粉刷石膏抹灰饰面的允许偏差及检验方法见表 2-1 中的相关内容及规定。

第二节 ▶ 外墙抹灰施工

一、外墙面干粘石

1. 施工现场图

外墙面干粘石施工现场见图 2-34。

2. 注意事项

① 残留在门窗框上的砂浆应清理干净，门窗口处应设置保护措施，铝合金门窗应提前设保护膜，并加以保护。

② 要轻轻拆放脚手架、高马凳及跳板，严禁碰坏粘石的墙面。

③ 施工前，所采用的石渣必须过筛，将石粉筛除，将不合格的大块挑出，

图 2-34　外墙面干粘石施工现场

然后用水冲洗，将浮土及杂质清除干净，确保粘石表面干净、花纹清晰、色调一致。

3. 施工做法详解

(1) 基体为砖墙

① 基层处理，墙面清扫干净，浇水湿润。

② 吊垂直、规方找规矩、做灰饼，横竖灰饼垂直，并以此为准冲筋，并弹出窗口上下水平线。

③ 混合砂浆打底，常温下配合比为水泥∶石灰∶粉煤灰＝1∶0.5∶4 或水泥∶石灰∶粉煤灰∶砂＝1∶0.2∶0.3∶4 粉煤灰混合砂浆；冬期配合比为 1∶3 水泥砂浆。打底时必须用力把砂浆挤入灰缝中，分两遍与标筋抹平，大木杠刮平，木抹子搓毛，终凝后洒水养生。

④ 按照图纸要求粘贴分格条，设专人负责弹线、分格、固定工作。

⑤ 抹黏结层砂浆，先抹 6mm 厚的 1∶3 水泥砂浆，紧接着抹 2mm 厚的 1∶0.3（水泥∶108 胶）聚合物水泥浆一道，随即均匀粘石，且将粘石层拍实、拍平、拍牢，待无明水后，统溜一遍。

⑥ 粘石操作一般应自上而下进行，先抹分格条两侧、后抹分格条中间部分，先粘分格条侧、后粘大面；先抹粘门窗碹脸、阳台、雨罩等，并按设计要求设滴水槽。

⑦ 在粘石灰浆未终凝前，要细致检查粘石表面，有缺陷要及时处理；阴角要顺直，阳角应无毛边，若有问题应及时修整好。

⑧ 修整后即可起条（包括滴水槽），起条后用抹子轻轻按一下，以防拉起面层而形成空鼓。终凝以后有初始强度时，用素水泥膏或涂料勾缝。

⑨ 洒水养护：粘石表面常温下经 24h 后用喷壶洒水养护。

(2) 基体为加气混凝土块、板

① 基层处理和清扫：将墙板缝及砌块缝中凸起的砂浆剔平并扫掉表面的灰尘，浇水洇透，用 1∶1∶6 混合砂浆勾缝及用掺 108 胶（胶重为水重的 20％）的水泥浆刷一道，并对缺棱掉角的板或砌块分层补平，但每层修补厚度应控制在 7～9mm。

② 待所涂抹砂浆与加气混凝土牢牢黏结在一起时，方可吊垂直、找规矩、套规方、贴

灰饼、设标筋、抹底、中层砂浆，配合比为1：1：6混合砂浆，分层分遍抹，每层厚度宜控制在7～9mm，并与冲筋抹平，用大木杠横竖刮平，木抹子搓毛，终凝后浇水养护。

③ 粘分格条、滴水槽：按设计图纸规定的尺寸弹线分格和粘条，分格表面要横平竖直。

④ 抹粘石砂浆和甩石渣，其操作规程、方法同砖墙面的基体。

⑤ 粘石操作一般应先粘小面、后粘大面，先粘分格条两侧、后粘中间部分；大小面交角处宜采用八字靠尺粘石。门窗碹脸、阳台、雨罩按规范要求粘设滴水槽，并应符合设计要求。

⑥ 粘石灰浆未终凝前应检查成活，发现问题及时修补，阳角处如有黑边应立即进行补粘石粒处理。

⑦ 粘石成活或修好后，应及时起出分格条、滴水槽条，起时应小心用抹子轻轻按一下，待有初始强度以后，用素水泥膏或涂料、油漆等进行勾缝。

⑧ 用喷壶洒水养护3～7d，每天应两次为宜。

（3）基体为混凝土外墙面

① 基层处理和清扫、抹底灰方法同一般抹灰。

② 吊垂直、套方、找规矩、粘贴分格条与基体为砖墙面的操作方法一样。

③ 用水湿润黏结层、抹黏结层砂浆，视采用粒径小、中、大的不同，其厚度也不同（4～8mm厚）。

④ 抹好黏结层后，随即刮108胶素水泥浆一道，然后开始甩石粒，一拍接一拍地甩，要甩严、甩匀，并及时用干净抹子轻轻地将石粒压入黏结层内，且压入深度小于1/2粒径。

对于大面积的粘石墙面，可采用机械喷石法施工，喷石后应及时用橡胶滚子将石粒滚压入灰层2/3，使其黏结牢固。

⑤ 施工操作程序、修整、起条与基体为砖墙一样。

⑥ 粘石面层在24h后，应浇水养护3～7d，每天应两遍。

⑦ 拆除分格条、滴水槽木条后，应及时修补，使其顺直光滑。

⑧ 分格缝处按设计要求，将凹缝涂108胶素水泥浆或油漆等。

4. 施工总结

① 为防止干粘石裂缝、空鼓，应做好如下工作：

a. 必须做好基层处理（处理方法与一般装饰抹灰相同）；

b. 打好底层、中层灰，根据不同的基体采取分层分遍抹灰的方法使其黏结牢固；

c. 注意洒水保湿养护；

d. 冬期施工时，应采取防冻保温措施。

② 抹黏结层灰时，应用木杠刮平，保证粘石面层平整，避免拍按粘石时高处劲大出浆，低处按不到，石渣浮在上边，造成颜色不均匀、不一致的花感。

③ 分格条两侧应先粘石，否则灰层干得快，粘不上石渣，造成黑边；阴角粘时应采用八字靠尺，注意及时修整和处理黑边。

④ 注意粘石砂浆不要过稀过厚，底层灰浆含水量不要过大，粘石表面局部不要拍按过分，否则就会引起干粘石面层滑坠。

⑤ 粘石时甩撒石渣要均匀，拍按力量足而匀，使石渣压入灰层，否则会造成石渣浮动，触手就掉的严重后果。另外基层浇水不透，会导致抹完黏结层就干，粘不上石渣，从而影响粘石质量。

⑥ 要充分考虑到脚手架高度，使得分格条内一次抹完粘石，避免不必要的接槎。

⑦ 及时起条，修补勾缝，使分格条凹线、滴水槽内侧清晰、光滑、顺直、平整。

⑧ 表面粘石要求石粒黏结牢固、表面平整、石粒均匀、颜色一致、不显接槎、无露浆、无漏粘、无黑边。

⑨ 分格条凹线宽度和深度一致，平顺光滑，棱角整齐，横平竖直、通顺。

⑩ 滴水槽坡向正确、槽线顺直，槽宽度、深度均不小于10mm，整齐一致。

⑪ 外墙面干粘石允许偏差及检验方法见表2-7。

表2-7　外墙面干粘石允许偏差及检验方法

项目	允许偏差/mm	检验方法
立面垂直度	5	用2m拖线板和尺量检查
表面平整度	5	用2m靠尺及楔尺检查
阴阳角方正	4	用20cm方尺和楔尺检查
分格条（缝）直线度	3	拉5m线，不足5m拉通线和尺量检查

二、外墙面水刷石

1. 施工现场图

外墙面水刷石施工现场见图2-35。

2. 注意事项

① 粘在门窗框上的砂浆应及时清理干净，铝合金门窗框应包覆粘好保护塑料薄膜，以防被污染和损坏。

② 喷刷时应提前用塑料薄膜覆盖好已成活的墙面，以防污染；如若遇有风天气，更要注意保护和覆盖。

③ 出入口处水刷石交活后，应及时钉木板保护，防止碰坏棱角。

④ 拆架子应轻拆轻放，小心搬运，不要损坏水刷石墙面。

⑤ 刷油漆时，应注意勿将油桶碰翻造成油漆污染墙面，对已成活的水刷石面层禁止蹬踩，以防碰坏和污染。

3. 施工做法详解

（1）**基体为砖墙**　基体为砖墙的抹灰施工现场见图2-36。

图2-35　外墙面水刷石施工现场

图2-36　基体为砖墙抹灰施工

① 抹灰前要做基层处理，尘土、污垢清除干净，堵严脚手眼，浇水湿润，其操作要点同一般抹灰。

② 吊垂直、找规方、贴灰饼、设冲筋，其操作要点同干粘石。

③ 1∶3 水泥砂浆或采用 1∶0.5∶4 混合砂浆或 1∶0.3∶0.2∶4 粉煤灰混合砂浆打底，扫毛或划出纹道。

④ 按设计图纸尺寸弹线分格，要求横条大小均匀、竖条对称一致，把用水浸透的木条用稠的素水泥浆粘牢在所弹的墨线上，保证分格条顺直；滴水槽按规范标准设置。

⑤ 抹石渣面。待打底砂浆硬化后，先刮一道掺 108 胶（胶重为水重的 10%）的素水泥浆，随即抹 1∶1.5 水泥石渣（小八厘）浆或 1∶1.25 水泥石渣浆（中八厘）或 1∶0.5∶3 石渣浆。抹时，每一分格内从下至上一次抹到分格条的厚度，边抹边拍打揉平，特别是注意阴阳角，避免出现黑边。

⑥ 石渣面层开始凝固时，刷洗面层水泥浆，分两遍喷刷，第一遍用软毛刷蘸水刷去面层水泥浆，露出石渣；第二遍紧跟着用喷雾器先喷湿四周，然后由上向下顺序喷水，使石粒外露为粒径的 1/2，随即用小喷壶从上往下冲水，冲洗干净，并防止操作过快和大风天气，以免墙面变花。

⑦ 门窗碹脸、窗台、阳台、雨罩等部位刷石应先做小面，后做大面，以保证大面的清洁美观。

⑧ 有滴水槽的部位，槽要顺直，深浅宽窄一致；分格条起出后要修补，使棱角整齐，光滑平直，并按设计要求刷涂料或油漆。连续作业时，墙面刷新活前应将头天刷石面用水淋透，便于清洗刷石面。

（2）基体为混凝土墙面

① 处理基层

a. 模板为钢模板（特别是新模板）的混凝土表面光滑，应凿毛，混凝土表面有酥皮的应剔净，并用钢丝刷刷掉粉尘，清水冲洗干净，随之浇水湿润。

b. 混凝土表面的油污染、油垢及油性隔离剂，用 10% 火碱刷净，并用清水冲洗晾干，然后洒水养护，待砂浆与混凝土表面有一定强度时，可进行下一道工序。

c. 也可用处理剂处理基层。采用混凝土界面处理剂进行处理有两种操作方法，一种方法是在清理干净的基层上，涂刷处理剂一道，处理剂未干前随即紧跟抹水泥砂浆；另一种方法是刷完一道处理剂后撒一层砂子（粒度为 2～3mm）以增强表面粗糙度，待干硬后再抹水泥砂浆。

② 吊垂直，找规矩。对于高层建筑，可利用大角及门窗口边用经纬仪打一直线；对于多层框架结构，可从屋顶层用大线坠、绷钢丝按线吊垂直，然后分层做灰饼。横线以楼层为水平基线找规矩，以使抹灰面横平竖直。

③ 抹底层砂浆。抹前先刷一道掺 108 胶（胶重为水重的 10%）的水泥浆，紧跟着分层分遍抹 1∶0.5∶4 混合砂浆或 1∶0.3∶0.2∶1 粉煤灰混合砂浆，按灰饼和冲筋的标准，分层装档抹平，用木抹子搓平，终凝后浇水养护。

④ 弹分格线、粘分格木条、设滴水槽。按设计要求弹分格线，依照分格线用水泥膏黏结木分格条，要求分格条上口平整规方，达到横平竖直、交圈对口，并按规范规定的标准在规定的部位设置滴水槽。

⑤ 抹石渣浆面层。先刮一道掺 108 胶（胶重为水重的 10%）的水泥素浆，随即抹

1∶0.5∶3（水泥∶石灰∶小八厘）石渣浆，自下往上分两次抹平，并检查平整度，无问题后立即压实压平，以提高水刷石质量。

⑥ 精心修整、喷刷。用抹子拍平揉压石渣面层，将内部的水泥浆揉挤出来，压实后使石渣的大面朝上，然后用刷子蘸水刷去挤出的水泥浆，再用抹子溜光压实，反复3～4次，待灰浆初凝用手指捺无痕，用刷子刷不掉石渣为适度。随即一人用刷子蘸水刷去表面灰浆，一人紧跟着用喷雾器自上往下喷水刷洗（图2-37），喷头距墙面10～20cm，表面水泥浆冲洗干净露出石渣后，用水壶浇清水把墙面冲洗干净，使其颜色一致。待墙面上水分控干后，小心起出分格条，并及时用水泥膏或油漆勾缝。

图 2-37　喷雾器喷水刷洗

⑦ 门窗碹脸、阳台、雨罩等部位施工时，应先做小面，后做大面；阳角部位，刷石喷水由外往里喷刷，最后用水壶冲洗；檐口、窗台碹脸、阳台及雨罩底面要设滴水槽或滴水线，其上下宽、深度等尺寸应符合规范标准，大面积刷石一天完不了，冲刷新活前应将头天做的刷石冲湿浇透，以免洗石时将水泥浆喷溅到刷石面上，沾污后不易清刷，以保证清洁美观。

4. 施工总结

① 灰层黏结不牢和空鼓：抹灰前将基层清理干净，并浇水湿润；抹时每层灰不要跟得太紧，底层灰应浇水养护；外墙若为混凝土预制板，其光滑表面应做处理；起分格条时须注意不要把局部面层拉起。

② 防止将墙面弄脏和颜色不一致，墙面抹灰要抹平压实，凹坑内水泥浆应用清水冲洗干净；一次备料要足，配合比要准，级配要一致，使其颜色一致。

③ 水刷石面层厚薄应一致，如厚薄不一致，则冲刷时在面层厚薄交接处，易由于本身自重不同而将面层拉裂，形成坠裂。抹灰层要抹平压密实，以防干缩裂缝或龟裂。

④ 应注意将墙面与地面及墙与腰线交接处的杂物清理干净，以防产生烂根缺陷。

⑤ 阴角交接处水刷石面宜分两次成活完成水刷石面罩面操作，先做一个平面，再做另一个平面。在靠近阴角处依据罩面水泥石子浆的厚度，在底子灰上弹引垂直线，作为阴角抹直的依据，然后在已抹完的一面，在靠边近阴角处弹上另一条直线，作为抹另一面的依据。

⑥ 水刷石留槎应设在分格条或水落管背后或独立装饰组成部分的边缘处，不得在块中甩槎，以避免刷石留槎混乱，从而使整体效果不好。

⑦ 外墙面水刷石允许偏差及检验方法见表2-8。

表 2-8　外墙面水刷石允许偏差及检验方法

项目	允许偏差/mm	检验方法
立面垂直度	5	用2m垂直检测尺检查
表面平整度	3	用2m垂直检测尺检查
阴阳角方正	3	用200mm直角检测尺检查
分格条（缝）直线度	3	拉5m线，不足5m拉通线，用钢尺检查
墙裙、勒脚上口直线度	3	拉5m线，不足5m拉通线，用钢尺检查

三、外墙面喷粘石、胶粘砂

图 2-38 外墙面喷涂施工现场

1. 施工现场图

外墙面喷涂施工现场见图 2-38。

2. 注意事项

① 要保持喷枪垂直于墙面，控制喷嘴距墙面 15～25cm 的距离和空气压力为 0.5～0.8MPa，以保证黏结层表面石粒平整及石粒入黏结层深度达 1/2 粒径。

② 在喷边角处，应将气压调降至 0.2～0.4MPa，以免气压太大而损坏棱角。

③ 喷大面时，应从下往上，以免砂浆流坠。

3. 施工做法详解

工艺流程 >>>>>

抹黏结层→喷石渣→压平面层。

(1) **抹黏结层** 一般抹底灰一天后即可抹黏结层，厚度约 5mm（按石渣粒径大小而定）左右，选用水泥：砂：108 胶＝1：0.5：(0.1～0.15)，掺水泥重 0.3％的木质素磺酸钙或水泥：石灰膏：砂：108 胶＝1：0.5：1：(0.1～0.15)，掺入水泥重的 0.3％的木质素磺酸钙。

(2) **喷石渣** 黏结砂浆抹完一个格区后，要随抹黏结层随在后面紧跟着喷石渣（图 2-39），一人手持喷枪，一人不断向喷枪的漏斗装石粒，先喷边角，后喷大面。喷大面时应自下而上，以免砂浆流坠。喷枪应垂直于墙面，喷嘴距墙面 15～25cm，空气压力为 0.5～0.8MPa。喷边角处，应将气压降至 0.2～0.4MPa，以免因气压太大而损坏棱角。

(3) **压平面层** 喷光石粒（石渣），待砂浆刚收水时，用橡胶辊从上往下轻轻滚压一遍，把石粒压进黏结层的深度粒径的 1/2，达到表面平整的要求。如有局部石粒不均匀，立即刷 108

图 2-39 喷石渣

胶水，甩石粒补齐，不得有漏粘、露底、黑边等缺陷。滚压一遍后，可揭掉分格条，然后精心修理分格缝两边石粒，并勾好分格缝。

4. 施工总结

① 机喷石粒由喷枪（或喷斗）的喷嘴喷出，有一定分散角度，上墙石粒密度不如手甩密集，需设专人用木拍修补均匀。

② 外墙面喷粘石、胶粘砂允许偏差及检验方法见表 2-9。

表 2-9 外墙面喷粘石、胶粘砂允许偏差及检验方法

项目	允许偏差/mm	检验方法
表面平整度	5	用 2m 拖线板和楔形塞尺检查
立面垂直度	5	用 2m 拖线板检查

项目	允许偏差/mm	检验方法
阴阳角方正	4	用方尺和楔形塞尺检查
分格条(缝)直线度	3	拉 5m 线,不足 5m 拉通线和尺量检查

四、外墙面石屑饰面

1. 施工现场图

外墙面石屑饰面施工现场见图 2-40。

图 2-40　外墙面石屑饰面施工现场

2. 注意事项

① 室外气温低于 5℃时,不得进行抹灰及喷石屑操作。

② 采用同批材料,一次备齐料,操作前先做样板,经有关部门检验符合设计和验收规范要求后,方可施工。

③ 喷粘石屑的颜色、配合比须按设计确定。机喷黏结砂浆时,须连续两遍成活,充分黏结,以防流坠。

3. 施工做法详解

工艺流程

基层处理→抹黏结层砂浆→喷粘石屑。

(1) **基层处理**　在喷或抹黏结层砂浆前,为降低基层吸水量、便于喷粘石屑,先喷或刷 108 胶水溶液作基层处理,其配合比为:当基体为砖砌体或混凝土时,108 胶:水＝1:3;当基体为加气混凝土时,108 胶:水＝1:2。用 108 胶处理好基层后,按照设计要求弹线分格并规方,然后粘贴分格条。

(2) **抹黏结层砂浆**　抹黏结层砂浆,也可以机喷,按已分格区连续喷或抹,厚度为 2～3mm。采用挤压式磁浆泵喷涂黏结层砂浆时,应先将不喷部分和门窗遮挡好,喷涂应两遍成活,防止流淌。手抹时,一次抹成,并压实抹平。

(3) **喷粘石屑**　喷粘石屑,用喷斗从左至右、自下而上喷粘石屑。喷嘴与墙面应垂直,并与墙面距离为 30～50cm。压缩机的压力、气量要控制适宜。要求表面均匀密实,满粘石屑,石屑在装斗前应稍加水湿润,以免喷射时尘粉飞扬,确保黏结牢固。

4. 施工总结

① 表面喷石屑要均匀、密实、颜色一致,不出现可见的疏密不均的缺陷。措施是:喷石屑时,喷嘴应与墙面垂直,距离墙面为 30～50cm;同时必须控制压缩机的压力要适宜

（既不能太大，也不能太小）。

②石屑装喷斗前应稍加水湿润，这样不仅能防止灰尘飞扬，也改善了操作环境，还能使石屑在黏结面黏结牢固。

③黏结砂浆层表面出现干燥，应补抹砂浆后再喷石屑，不得刷水后喷石屑，以免造成局部泛白而出现颜色不均的缺陷。

④外墙面石屑饰面允许偏差及检验方法见表2-10。

表2-10　外墙面石屑饰面允许偏差及检验方法

项目	允许偏差/mm	检验方法
表面平整度	5	用2m拖线板和楔形塞尺检查
立面垂直度	5	用2m拖线板检查
阴阳角方正	4	用50cm方尺和楔形塞尺检查
分格条(缝)直线度	3	拉5m线，不足5m拉通线和尺量检查

五、外墙面拉假石

1. 示意图和施工现场图

外墙面拉假石施工做法示意和施工现场分别见图2-41和图2-42。

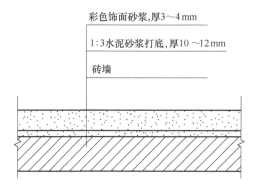

图2-41　外墙面拉假石施工做法示意

图2-42　外墙面拉假石施工现场

2. 注意事项

①设专人负责掌握面层收水和水泥终凝时间的两个关键过程，并将表面及时搓平、压

实、压光，及时用抓耙抓出拉假石，以保证质量。

② 严格按设计和实际要求精制抓耙，特别是齿距、齿深，以保证操作简便，成活条纹规整，纹理清晰。

③ 有颜色的拉假石，操作前要做颜色对比样板，经有关部门检查确认满足设计要求后，方可进行。材料应按一栋楼一次备齐，并与水泥按比例预先全部干拌均匀备用。

3. 施工做法详解

工艺流程

抹面层砂浆→面层整型。

(1) 抹面层砂浆 面层抹 1∶2.5 石英砂（白云石屑），厚 8～10mm，待面层砂浆收水后用木抹子搓平，用钢皮抹子压实抹光。

(2) 面层整型 面层水泥浆终凝后，用抓耙子依着木靠尺沿同一方向抓，形成规整的形状。抓耙的齿为锯齿形，用 5～6mm 厚钢板做成，齿距大小和深浅可按设计要求确定。

4. 施工总结

① 分格条凹线宽度和深度一致，平顺光滑，棱角整齐、通顺，横平竖直。

② 石英砂（白云石屑）、白色米粒颗粒坚硬、洁净，无杂质，含泥量不超过 1%；石屑粒径为 0.15～1mm，颗粒均匀，颜色一致，含泥量不得超过 1%。

③ 留边宽窄一致，棱角无损坏，表面平整，纹理清晰、整齐，颜色均匀，无掉角、脱皮、起砂等缺陷。

④ 外墙面拉假石允许偏差及检验方法见表 2-11。

表 2-11　外墙面拉假石允许偏差及检验方法

项目	允许偏差/mm	检验方法
表面平整度	3	用 2m 拖线板和楔形塞尺检查
立面垂直度	4	用 2m 拖线板检查
阴阳角方正	3	用方尺和楔形塞尺检查
分格条(缝)直线度	3	拉 5m 线，不足 5m 拉通线检查
墙裙、勒脚上口直线度	3	拉 5m 线，不足 5m 拉通线检查

六、外墙面扫毛仿石

1. 施工现场图

外墙面扫毛仿石施工现场见图 2-43。

2. 注意事项

① 要使扫毛仿石造型美观，关键是分格要分得好，应根据墙面高低、宽窄和使用要求，精心设计图案，适当分块排列，多种图形巧妙组合，给人以美的感受。

② 仿石条纹应横平竖直，粗细适宜，顺直自然，配以色彩深浅变化，产生类似假石的观感。

③ 防止空鼓、裂缝，主要措施为：墙面基层清理干净；各粉刷层施工前都应浇水湿润；灰浆稠度要适宜。

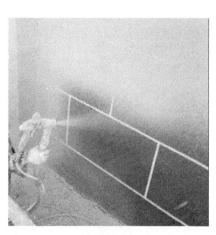

图 2-43　外墙面扫毛仿石施工现场

④ 对外墙、窗台、窗楣、雨篷、阳台、压顶和凸出腰线等，其上应做流水坡度，其下应做滴水线或者滴水槽，滴水槽的深度和宽度均匀，不应小于 10mm，并要求整齐一致。

3. 施工做法详解

工艺流程 ▶▶▶▶▶

基层处理→做灰饼、设置标筋→底层施工→选择扫毛仿石→扫毛仿石分格→粉刷面层→扫毛施工→浇水养护→涂刷扫毛仿石面层

(1) **基层处理** 基层表面的灰渣、污垢和油渍等，应清除干净，并浇水湿润。不太粗糙的基层表面应凿毛，或者用水泥砂浆洒毛，使基层与粉刷层黏结牢固。

(2) **做灰饼、设置标筋** 检查基层表面平整度和垂直度，挂垂直线，用与底层刮糙相同的砂浆做灰饼，设置标筋。

(3) **底层施工** 用水泥砂浆或者混合砂浆做底层，表面刮毛，厚度为 15mm 左右。分层抹平，两遍成活。如果局部超厚，应分层打底。用刮尺和木抹子按标筋抹平。表面应平整、垂直、粗糙。底层砂浆的配合比，室外扫毛仿石宜采用水泥：砂＝1：3（体积比）的混合砂浆。检查底层刮糙的平整度和垂直度，并及时修正。

(4) **选择扫毛仿石** 按照墙面大小和设计图案，选定扫毛仿石分块尺寸，分格嵌条。扫毛仿石分格，一般可采用 25cm×60cm、25cm×30cm、50cm×80cm、50cm×50cm 等几种尺寸组合。内墙上口离开顶棚 60mm，下面接踢脚板。外墙上口宜用挑出腰线与上部粉刷分开，下面做到底。

(5) **扫毛仿石分格** 扫毛仿石一般用凹线条分块，同缝不宜超过三块。可用宽×厚为 20mm×8mm 和 30mm×8mm 的梯形杉木条嵌贴分格。杉木条应隔夜浸湿，用纯水泥浆窝好，要求平整、垂直、通角。在墙面阳角处，可镶贴斜口直尺杉木条。

(6) **粉刷面层** 浇水湿润墙面，用水泥：石灰膏：砂＝1：0.3：4（体积比）的混合砂浆做面层粉刷，厚度一般为 10mm。用铁抹子和木抹子，按分格条粉刷面层。用茅柴帚洒水，用木抹子抹平。

(7) **扫毛施工** 面层灰浆稍收水后，按照设计图案，用竹丝帚扫出条纹。在扫毛时，面层砂浆干湿程度应适当。面层砂浆太干，扫出的条纹细、不清晰。面层砂浆太湿，扫出的条纹粗、不整齐。用短直尺作为竹丝帚的引条，横向条纹从上到下，竖向条纹从左到右，按照顺序扫毛。扫毛仿石的条纹，应横竖交错，一块横向，一块竖向，相邻两块的条纹不应是同一方向。如果横竖方向有矛盾，应用木抹子抹平，不扫条纹。

图 2-44　涂刷扫毛仿石面层

(8) **浇水养护** 面层砂浆凝结后，用水壶浇水养护 3～7d。适时取出分格嵌条，用纯水泥浆嵌补凹槽，使之分格清晰。

(9) **涂刷扫毛仿石面层** 面层砂浆干燥后，先用竹线扫帚扫去浮砂，然后用乳胶漆或者油漆涂刷扫毛仿石面层（图 2-44）。相邻的分格块宜采用接近的颜色、深浅变化，以取得较好的面层效果，也可不上色。室外扫毛仿石，最好加刷丙烯酸防水罩面剂。

4. 施工总结

① 扫毛条纹应深浅一致，粗细适宜，横平竖直，清晰自然。

② 分格线条平直、清晰、通顺，不得有缺边和掉角等缺陷。

③ 色彩素雅，深浅变化适宜，层次分明，视觉舒适。

④ 扫毛仿石饰面允许偏差及检验方法见表 2-12。

表 2-12　扫毛仿石饰面允许偏差及检验方法

项目	允许偏差/mm	检验方法
表面平整度	4	用 2m 拖线板和楔形塞尺检查
立面垂直度	5	用 2m 拖线板和尺量检查
阴阳角方正	4	用 200mm 方尺检查
分格条(缝)直线度	5	拉 5m 线,不足 5m 拉通线检查
墙裙上口直线度	3	拉 5m 线,不足 5m 拉通线检查

七、外墙面仿面砖

1. 示意图和施工现场图

外墙面仿面砖施工做法示意和施工现场分别见图 2-45 和图 2-46。

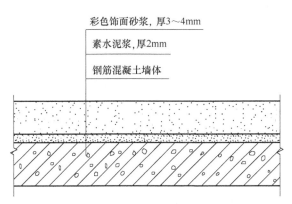

图 2-45　外墙面仿面砖施工做法示意

图 2-46　外墙面仿面砖

2. 注意事项

① 操作时，关键是按面砖的尺寸分格画线，然后再划沟。

② 划沟要保证水平成线，沟的深浅、间距要一致。

③ 靠尺要垂直，以保证铁梳子竖向划纹垂直成线、深浅一致。

④ 矿物颜料制成彩色砂浆，须按设计要求的色调调配，依照外墙面砖颜色试配数种，抹于砖面上做样板，待干后确定标准配合比。

⑤ 控制准上、中、下弹的三条水平通线，以确保水平接缝平直，不错槎。

3. 施工做法详解

工艺流程 ≫≫≫

弹水平线、抹砂浆→细部处理。

（1）**弹水平线、抹砂浆** 涂抹面层砂浆前，要浇水湿润中层，弹水平线（图2-47），按每步架子为一个水平作业段，然后上、中、下弹三条水平通线，以便控制面层划沟的平直度。接着在中层上抹1∶1水泥垫层砂浆，厚为3mm，然后再抹面层砂浆3～4mm厚。

图 2-47　弹水平线

（2）**细部处理** 待面层水泥砂浆稍收水后，用靠尺板靠住铁梳子由上向下划纹（梳纹），深度不超过1mm。再根据砖的宽度用铁钩子沿靠尺板横向划沟，深度以露出垫层灰为准，划好砖的形状后，将飞边砂粒扫干净，如图2-48所示。

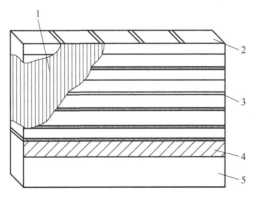

图 2-48　仿面砖施工操作示意

1—铁梳子梳道；2—砖墙；3—水平划缝；4—靠尺板；5—面层砂浆

4. 施工总结

① 铁梳子和铁钩子划出的砖形线沟，应深浅一致、横平竖直、平顺光滑、色泽均匀，无掉角、脱皮、起砂等缺陷，给人以真砖感。

② 外墙面仿面砖允许偏差及检验方法见表 2-13。

表 2-13　外墙面仿面砖允许偏差及检验方法

项目	允许偏差/mm	检验方法
表面平整度	4	用 2m 拖线板和楔形塞尺检查
立面垂直度	5	用 2m 拖线板检查
阴阳角方正	4	用 500mm 方尺和楔形尺检查
分格条(缝)直线度	3	拉 5m 线,不足 5m 拉通线检查

八、外墙面仿虎皮石

1. 施工现场图

外墙面仿虎皮石实例见图 2-49。

2. 注意事项

① 要使仿虎皮石造型美观，关键是分格条要分得好，应根据墙面高低、宽窄和使用要求，精心设计图案，适当分块排列，给人以美感。

② 仿虎皮石云头、斑点应稀密适宜，应配以色泽深浅、明暗变化，使人产生类似天然岩石的观感。

图 2-49　外墙面仿虎皮石实例

3. 施工做法详解

工艺流程

基层凿毛→做灰饼、冲筋→底层抹灰→设置分格条→仿虎皮石施工→细部处理。

(1) **基层凿毛**　基层表面的灰渣、污垢和油渍等应清除干净，并浇水湿润，对不太粗糙的基层表面应凿毛，或用水泥砂浆洒毛，使基层与粉刷层黏结牢固。

(2) **做灰饼、冲筋**　检查基层表面平整度和垂直度，挂垂直线，用与底层刮糙相同的砂浆做灰饼、冲筋。

(3) **底层抹灰**　用混合砂浆或 1:3 水泥砂浆做底层，使其表面平整垂直，表面刮毛，厚度约 15mm，分层抹平抹实，两遍成活。若局部超厚（凹处），应分层打底、抹平压实，按标筋用木杠刮平。表面应平整、垂直、粗糙。

(4) **设置分格条**　按设计分格弹线，嵌第一层 6mm×10mm 楔形分格条，以条子为中心抹 10cm 宽 1:3 水泥砂浆（掺 5%～7%矾红）框。用木抹子和铁抹子，按分格条抹平压实表面。

(5) **仿虎皮石施工**　按设计图案，选定仿虎皮石的分格块尺寸，弹第二次分格线。在第一层分格条上嵌上第二层 5mm×10mm 分格条，随即用 1:4 水泥砂浆（掺 5%～7%矾红），用竹丝扫帚分层分遍甩上形成云头形状。

(6) **细部处理**　待砂浆凝结后，用水壶浇水养护 3d，取出分格条，用纯水泥浆嵌补凹槽，使其分格清晰，并将四周边框和扁凿精心地斩成假石。

4. 施工总结

① 防止空鼓、裂缝。其主要措施：墙面基层清理干净，浇水充分湿润，灰浆稠度要适宜，抹时要压实搓平。

② 外墙、窗台、窗楣、雨篷、阳台、压顶和凸出腰线等处，其上应按规范规定做流水坡度，其下应做好滴水线或滴水槽，滴水槽深度和宽度均不应小于 10mm，并要求整齐通顺。

③ 仿虎皮石饰面允许偏差及检验方法见表 2-14。

表 2-14　仿虎皮石饰面允许偏差及检验方法

项目	允许偏差/mm	检验方法
表面平整度	4	用 2m 拖线板和楔形塞尺检查
立面垂直度	5	用 2m 拖线板检查
阴阳角方正	4	用 200mm 方尺检查
分格条(缝)直线度	5	用 5m 线检查,不足 5m 拉通线检查
墙裙、勒脚上口直线度	3	用 5m 线检查,不足 5m 拉通线检查

九、外墙面喷毛、扫毛、搓毛

1. 施工现场图

外墙面喷毛施工现场见图 2-50。

图 2-50　外墙面喷毛施工现场

2. 注意事项

① 喷毛、扫毛、搓毛灰粗细一致，深浅一致，横平竖直，颜色均匀，清晰淡雅，古朴大方，给人以天然岩石面的美感。

② 拆脚手架子要小心，轻拿轻放，不要乱扔、乱放，以免碰坏喷毛、扫毛和搓毛饰面墙面。

③ 防止水泥砂浆和油质液体污染墙面。

3. 施工做法详解

工艺流程 〉〉〉〉〉

基层清理→挂线、找方→砂浆打底→弹线分格、嵌分格条→喷毛灰→扫毛灰→搓毛灰→养护。

图解装饰装修工程现场细部施工做法

(1) **基层清理**　喷毛、扫毛、搓毛装饰抹灰前，将基层表面的灰渣、污垢和油渍等清除干净，并浇水充分湿润；对不太粗糙的表面（如混凝土墙面）应凿毛，或用水泥砂浆洒毛，使其基层与抹灰之间黏结牢固。

(2) **挂线、找方**　检查基层表面平整度及垂直度，挂垂直线和拉水平线找方正（规方），用与底层相同的砂浆做灰饼，并随之冲筋。

(3) **砂浆打底**　用1∶1∶6水泥混合砂浆打底，使其表面平整垂直，表面刮毛，厚度约15mm，分层压实抹平，两遍成活，若局部有凹处，应分层压实抹平，整个墙面应平整、垂直、粗糙。

(4) **弹线分格、嵌分格条**　按设计要求弹线分格（图2-51），并嵌分格条，然后浇水湿润底层灰。

(5) **喷毛灰**　喷毛灰是将与底子相同的水泥石灰砂浆，通过砂浆输送泵管道、喷枪，借助空气压缩机的风力，连续均匀喷涂于底子灰表面上，两遍成活，头遍砂浆稠度10～12cm，第二遍稠度8～10cm，喷枪嘴距墙面6～10cm，先喷三条垂直线和一条水平线，然后自上而下水平巡回喷涂，喷出毛面或细毛面。

(6) **扫毛灰**　扫毛灰也是用与底、中层相同的水泥石灰砂浆抹面层。抹前浇水湿润中层，使面层与中层之间黏结牢固。面层抹后，用刮

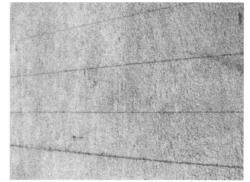

图2-51　弹线分格

尺（或木杠）沿分格条刮平，并用木抹子搓平，待砂浆稍收水后，用竹丝帚或柴帚扫出条纹。应注意扫毛时面层干湿程度要适宜。如太干则条纹细，而且不清晰；太湿则条纹太粗，又很不整齐。待面层干燥后涂两遍浅色乳胶漆。

(7) **搓毛灰**　搓毛灰是用与底、中层同样的水泥石灰砂浆（1∶1∶6）罩面时搓毛，若灰层过干，应洒水湿润，边洒水边用木抹子搓毛，不得干搓，以免出现颜色不一致现象。操作时木抹子要紧握，平放在墙面上，由上向下进行，搓时抹纹要顺直，均匀一致，既不能杂乱无章，也不能排列太整齐。

(8) **养护**　待砂浆凝结后，用喷壶洒水养生3d，取出分格条，用纯水泥浆嵌补凹槽，使其分格线顺直、通顺、清晰。

4. 施工总结

① 防止空鼓、裂缝和脱皮。其主要措施是墙面基层清理干净，浇水充分湿润、湿透，灰浆稠度要适宜，抹时要压实搓平。

② 外墙、窗台、窗楣、雨篷、阳台、压顶和凸出腰线等处，其上应按规范做流水坡度，其下应做好滴水线或滴水槽，滴水槽深度和宽度均应不小于10mm，并要求整齐、通顺。

③ 防止喷毛灰颜色不均匀，杂乱无章。其主要措施是基层要湿透，干湿一致，特别注意凹凸部分的修补平整；配料准确，保证颜色一致；操作时应熟练，做到快慢均匀，按分格块成活，不得随意停顿接槎，分格缝应平直通顺。

④ 防止扫毛灰分格缝不平、不直、错缝。操作时拉通线弹出水平分格线，几个层段应统一吊垂线分块；分格条要浸泡透，水平分格条应嵌粘在水平线下面，竖向分格条应嵌粘在垂直线左侧，以便检查其准确度，严防产生错缝或不平直等现象。

十、外墙面喷涂、滚涂、弹涂

1. 示意图和施工现场图

外墙面滚涂墙构造示意和施工现场分别见图 2-52 和图 2-53。

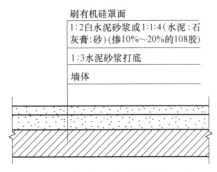

图 2-52 外墙面滚涂墙构造示意

图 2-53 外墙面滚涂施工现场

2. 注意事项

（1）喷涂

① 如喷涂抹灰颜色不均匀，局部有明显析白现象，应注意：施工前应将原材料一次备齐、备足，各色颜料应事先混合均匀备用；配彩色水泥时，颜料的比例、掺量必须准确。水泥与颜料的用量采用质量比，且必须混合搅拌均匀；基层材质应一致，并应对表面凹凸不平处预先补平，喷涂前应将墙面浇水湿润。

② 如喷涂抹灰花纹不匀，局部出浆、流淌，有明显接槎，应注意：施工时，基层应干湿一致，如果底灰有明显接槎，喷涂第一遍时应用木抹子顺平；用喷斗做粒状喷涂时，应及时向喷斗内加砂浆，防止放空枪，若发现局部有成片出浆现象，可待其收水后，再喷一层砂浆点盖住；波面喷涂应连续操作，保持工作面软接槎，不到分格缝处不得停歇，以免产生浮砂。

③ 如喷涂抹灰外墙面窗台下大面积抹灰积尘、严重污染，应注意：施工时，能向里面泛水的部位，如女儿墙压顶、阳台扶手等，应尽可能向里面泛水，不能向里面泛水的部位，如窗台、腰线等，必须做滴水线或铁皮泛水；墙体基层处理必须平整，有粗糙的蜂窝麻面应事先用水泥腻子刮平，吸水量大的基层可涂 108 胶水溶液，有条件时在喷涂表面另喷涂一层耐污染材料。

（2）滚涂

① 施工时，不得用不合格、出厂材料不全的或受潮过期的水泥，掺 108 胶要按规定比例准确配制；基层太干燥时，应洒水湿润，必要时用 1∶3 胶水溶液进行基层处理，以防外墙滚涂抹灰粉化、剥落。

② 外墙滚涂抹灰如有明显褪色，就会失去应有装饰效果。为了避免出现这样的问题，除了选用好矿物颜料外，还可将表面清洗干净，重罩其他涂料。

3. 施工做法详解

（1）基层处理

① 墙基体为预制混凝土墙板时，要先将缺棱掉角的板面上凸凹不平处洒水湿润，刷掺 108 胶（胶重为水重的 10％）的水泥浆一道，随后抹 1∶3 水泥砂浆勾抹平整，对其防水缝、

槽应认真处理，进行淋雨试验，不漏后方可进行下道工序。

② 基体为砖墙、加气混凝土墙、现浇混凝土墙，其抹灰与一般外墙面抹灰一样。但尚应注意以下几点。

a. 抹底层砂浆时，应留 12mm 厚面层，因考虑面层抹砂浆 8～10mm 厚，喷、滚、弹的厚度为 2～4mm。

b. 喷涂：水泥砂浆面层应用大木杠刮平，木抹子搓平，铁抹子压实压光，待面层收水后，用毛刷子蘸水垂直向下轻轻刷一遍，要求表面颜色一致，无抹纹，刷纹一致。

（2）**喷涂灰** 喷涂墙面示意见图 2-54。

① 抹 8～10mm 厚 1∶3 水泥砂浆打底，木抹子搓平。但采用滑升、大模板工艺的混凝土墙体，可以不抹砂浆层，只做局部找平，使表面平整。喷涂前，先喷 1∶3（胶∶水）108 胶水溶液一道，以保证涂层与底层黏结牢固。

② 喷涂 3～4mm 厚面层，应三遍成活。头一遍喷至底变色为止；第二遍喷出浆不流淌；第三遍喷至全部出浆。喷涂时，喷嘴应略微垂直于墙面，距离墙面 30～50cm，气压 0.4～0.6MPa。

③ 待面层砂浆收水后，在分格缝处，用铁皮刮子沿靠尺刮去面层，露出基层，做成分格缝，宽度为 2cm，并将缝表面涂上聚合物水泥砂浆。

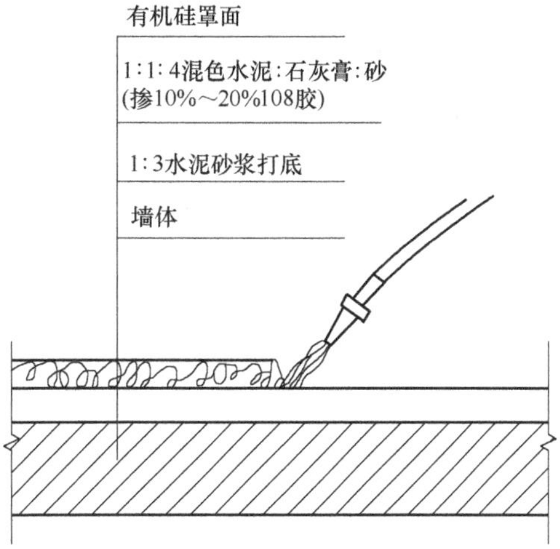

有机硅罩面

1∶1∶4 混色水泥∶石灰膏∶砂（掺10%～20%108胶）

1∶3 水泥砂浆打底

墙体

图 2-54 喷涂墙面示意

④ 面层干燥（24h）后，喷罩甲基硅酸钠憎水剂。

（3）**滚涂灰**

① 抹 8～10mm 厚 1∶3 水泥砂浆层，木抹子搓平。

② 粘贴分格条（可采用胶布黏结的方法）。

③ 3mm 厚色浆罩面。由两人同时操作，一人在前涂抹砂浆，用抹子紧压刮一遍，再用抹子顺平，另一人随用辊子滚压，最后一遍滚压必须自上而下，使滚出花纹有一自然的流水坡度，做到颜色花纹均匀一致。

④ 待面层砂浆干燥（24h）后，喷有机硅水溶液。

（4）**弹涂灰**

图 2-55 弹涂器

① 抹 8～10mm 厚 1∶3 水泥砂浆层，木抹子搓平。

② 粘贴分格条。

③ 刷喷涂底色浆。

④ 采用手动或电动弹涂器（图 2-55）将各色浆分遍弹在墙面上，第一遍色点覆盖 70%，使其不流淌；第二遍覆盖 20%～30%。弹点时，按色浆分色，每人操作一种颜色，流水作业，几种色点要弹得均匀，相互补充衬托一致。

⑤ 待面层干燥（24h）后，喷甲基硅树脂溶液或甲基硅酸钠憎水剂罩面。

（5）**底层、面层的抹灰顺序** 抹砂浆底层、面层的顺序应自上而下进行，并随抹随养护。

4. 施工总结

施工中可能出现的问题及解决方法如下。

① 喷涂抹灰颜色明显变浅：应选择耐碱、耐光颜料，如氧化铁黄、氧化铁红、氧化铬绿、氧化铁黑和群青等，有条件时，可在表面喷罩其他涂料，如乙丙烯乳液厚涂料。

② 弹涂抹灰弹出的色点不能定位成点状，并沿墙面向下流坠，其长度不一：施工时就根据基层干湿程度及收水情况，严格掌握色浆的水灰比。对较大面积的流坠浆点，用不同颜色的色点覆盖分解；对面积较小的流坠浆点，用小铲尖将其剥掉，用不同颜色的色点局部覆盖。

③ 弹涂抹灰出现长条形色点或尖形点：施工时，操作人员应技术熟练，控制好弹涂器与饰面的距离（一般为40mm为宜），并且随料筒内浆料的减少逐渐缩短距离；经常检查更换弯曲过长及弹力不足的弹棒；弹涂中发现尖形点时，应立即停止操作，调整浆料配合比，对已形成的尖形点，可用刮刀铲平后补弹。

④ 弹涂抹灰上形成粗细不等的细丝：施工时，对料、胶、水的配合比要准确，浆料搅拌要均匀，料浆过稠，可在砂浆中掺入适量的水和相应的水泥调整。

⑤ 弹出的色点碎小或过大而扁平，相互不协调：操作时，根据料筒内料的多少，应熟练地控制好弹力器与墙面的距离，使色点均匀一致，大小适当，并掌握好投料时间，使每次投料时间间隔基本一致，浆料也基本一致，相互协调。

⑥ 弹涂抹灰色点颜色不均匀：施工前应准确计算全部用料量，一次备齐、备足，储存备用；配料时，应按比例掺入颜料，颜料宜先调成糊状，然后与水泥砂浆拌匀。

⑦ 弹涂抹灰两天后色点强度低，甚至起粉、掉色：弹涂前应对过于干燥的基层洒水湿润；若气温过高，应做好防止色点失水的措施。

⑧ 弹涂抹灰色点经罩面后，表面局部片状发黑：罩面前，应根据色点颜色深浅观察其干、湿程度，必要时可剖开局部色点，检查内部湿度。待色点全部干透后再罩面。

⑨ 弹涂抹灰饰面不平，接槎不顺：施工时，应精心处理墙体基层，抹底层砂浆必须按冲筋刮平，并使边棱整齐，表面应做出细麻面，有洞眼的应及时填补且找平。

⑩ 弹涂抹灰分格线不直，相邻墙面颜色相混或污染门窗：在弹分格线时，应规方找正，用规格一致的纸条压线粘贴；弹涂时，将相邻墙面或墙面与门窗交接处，用木板或其他材料贴紧，并遮盖防护。

⑪ 喷涂、滚涂、弹涂允许偏差及检验方法见表2-15。

表2-15 喷涂、滚涂、弹涂允许偏差及检验方法

项目	允许偏差/mm	检验方法
表面平整度	4	用2m靠尺和楔形塞尺检查
立面垂直度	5	用2m拖线板检查
阴阳角方正	4	用200mm方尺和楔形尺检查
分格条(缝)直线度	3	用5m线检查,不足5m拉通线检查

十一、外墙面彩色瓷粒

1. 施工现场图

外墙面彩色瓷粒施工现场见图2-56。

2. 注意事项

① 施工前，所采用的彩色瓷粒必须过筛，将粒粉筛除，将不合格的大块挑出，然后用水冲洗，将浮土及杂质清除干净，确保彩色瓷粒表面干净、花纹清晰、色调一致、有美感。

② 在配制黏结层砂浆时，应按配合比准确配制，砂浆稠度不要过稀或过稠、底层砂浆不要含水量过大以及黏结层表面局部不要拍按过分。否则就会使彩色瓷粒黏结层滑坠。

图 2-56 外墙面彩色瓷粒施工现场

3. 施工做法详解

（1）基体为砖墙

① 基层处理：墙面灰渣清扫干净，浇水湿润。

② 吊垂直，找规矩使其规方，贴灰饼，横竖灰饼要垂直，以此为准冲筋（标筋），并弹好窗口上下水平线。

③ 抹 1：（2.5～3）水泥砂浆底子灰，用木抹子搓平搓毛。

④ 按设计要求粘贴分格条，并设专人负责弹线、分格、粘贴固定，次日少水养护。

⑤ 抹黏结层前，宜刷 108 胶：水为 1：3 的 108 胶水溶液一遍，以利增强操作黏结性，紧接着抹黏结层砂浆，其配合比为白水泥：细砂为 1：2（质量比，体积比为 1：1.5），再加水泥质量 10％的 108 胶，水灰比约为 0.5，黏结层厚度为 3mm；抹完后，随即用排笔蘸 108 胶：水为 1：3 的溶液由上往下带色一遍。

⑥ 粘彩色瓷粒：随抹黏结层，随甩粘彩色瓷粒，做法同"干粘石"，可手工或机喷，要求表面均匀密实，瓷粒饱满，然后用铁抹子或其他工具轻轻拍平压实。

⑦ 饰面层表面处理：甩粘彩色瓷粒过 1～2h 后，表面喷罩甲基硅氧烷酒精溶液，使其表面成膜保护彩色瓷粒饰面。

（2）基体为加气混凝土砌块

① 基层处理：将墙面板缝及砌块缝中凸起的砂浆剔平，扫掉表面的灰渣，浇水湿透；用 1：1：6 混合砂浆勾缝及用掺 20％108 胶的水泥砂浆刷一道，并对缺棱掉角的板或砌块分层补平，但每层修补的厚度控制在 7～9mm。

② 待涂刷的砂浆与加气混凝土牢固地黏结在一起时，方可吊垂直、找规矩、套规方、贴灰饼、设标筋、抹底灰。

③ 对于檐口、腰线、阳台等受大气侵蚀严重的部分，应涂刷掺入水泥质量 10％的聚醋酸乙烯乳液（PVA）。

4. 施工总结

① 为防止彩色瓷粒饰面脱层、空鼓和裂缝。施工时，必须做好墙面基层处理，浇水充分湿润，在抹底层灰时，根据不同的基体采取分层分遍抹灰的方法，使各灰层之间黏结牢固，并注意洒水保湿养护；冬期施工时，应采取防冻保温措施。

② 抹黏结层灰时，应用大木杠刮平，确保彩色瓷粒面平整，以避免拍压瓷粒时，高处劲大出浆，低处拍按不到，瓷粒浮在上面，造成颜色不均匀、不一致。

③ 分格条两侧应先粘瓷粒，因为此处灰层干得快，瓷粒粘不上，易造成黑边；阳角粘时应采用八字靠尺，注意及时修整和处理黑边。

④ 粘彩色瓷粒时，人工甩撒或机喷瓷粒要均匀，拍压力量足而匀，使瓷料压入黏结层，否则会造成瓷粒浮动、手触就掉的严重后果。另外若基层洒水湿润不透，抹完黏结层就会干，导致粘不上瓷粒，影响彩色瓷粒饰面质量。

⑤ 充分考虑到脚手架高度应与分格条水平高度一致，使得分格条内一次抹完黏结层和粘完瓷粒，避免人为的不必要的接槎。

⑥ 及时起分格条，修补勾缝，使分格条凹线、滴水槽内清晰、光滑、顺直、平整。

⑦ 外墙面彩色瓷粒饰面允许偏差及检验方法见表 2-16。

表 2-16　外墙面彩色瓷粒饰面允许偏差及检验方法

项目	允许偏差/mm	检验方法
表面平整度	5	用 2m 靠尺和楔形塞尺检查
立面垂直度	5	用 2m 拖线板检查
阴阳角方正	4	用 500mm 方尺及楔形尺检查
分格条(缝)直线度	3	用 5m 线检查,不足 5m 拉通线检查

十二、外墙面玻璃彩渣、彩砂喷涂

图 2-57　外墙面彩砂喷涂施工现场

1. 示意图和施工现场图

外墙面彩砂喷涂施工现场见图 2-57。

2. 注意事项

① 玻璃彩渣和彩砂喷涂饰面的基层应无空鼓现象，无沥青、石灰膏等污染。

② 涂料应预先配制好，调匀，配合比要准确，静止 4h 以上，喷涂的稠度，以喷出后呈雾化状，喷在墙面上不流坠为宜。

③ 门窗、玻璃等不涂部位，已溅上涂料的，要及时用湿布擦净。

④ 喷斗、勺子、搅拌器和桶以及挡板等工具要及时用水刷洗干净。

3. 施工做法详解

工艺流程 >>>>>>

墙面基层处理→喷涂。

(1) 墙面基层处理

① 砖墙面基层处理。清理脏物，用水湿润，然后用水泥（32.5 强度等级以上）、石灰膏、砂子的混合砂浆抹底层，其配合比 1∶1∶6（水泥∶石灰膏∶砂子）。用木抹子搓平成毛面，并在常温下养护 14d 以上。待基层含水率低于 10% 后方可进行喷涂。

② 混凝土墙面基层处理。清理表面灰尘、油污。对有油污的混凝土板，先用 10% 火碱水将油污喷刷掉，再用清水冲洗干净，待湿润后抹底灰。现浇或预制正打混凝土板的操作要求与砖基层处理要求相同；预制反打混凝土板如果表面有孔洞或大麻面时，必须用 20% 掺量的 108 胶拌素水泥调成腻子，将洞补平，用刷子蘸水刷毛面，常温下养护，待灰层实干后方可进行涂料喷饰。

（2）**喷涂** 自左至右横向喷涂，切不可无规则乱喷。喷嘴距离墙面 50mm 左右，与墙面垂直。喷斗移动速度要均衡平稳，涂层的厚度为 1～3mm。接槎要与其他部位厚度一致，以保持颜色一致。如欲以硅溶胶等涂刷罩面，需在涂层固化以后进行。

4. 施工总结

① 喷涂应选择好天气。白天墙面温度应在 5℃ 以上，夜间墙面温度不得低于 0℃；4 级风以上的天气不得喷涂施工；喷涂后 12h 内应避免雨淋，以防固化不好，受冻后发生脱落现象。

② 喷涂时，空压机的工作压力应保持在 0.4～0.6MPa，以确保喷涂质量。

十三、外墙丙烯酸浮雕饰面

1. 施工现场图
外墙丙烯酸浮雕饰面施工现场见图 2-58。

2. 注意事项

① 施工前应将不进行喷涂浮雕涂料的门窗框及墙面用事先准备的遮挡工具保护好。

② 丙烯酸浮雕饰面喷涂完后，及时用木板或木方将口、角保护好，防止碰撞损坏。

图 2-58　外墙丙烯酸浮雕饰面施工现场

③ 拆外架子、跳板或吊篮时要小心轻放，料具要码放整齐，不要撞坏门窗框、墙面和口、角。

④ 油工施工时，严禁蹬踩已完工部位，并防止将油盒、桶碰翻，造成涂料污染墙面。

⑤ 外墙浮雕饰面施工完，应设专人负责看护和管理，以防外界因素损坏或污染饰面。

3. 施工做法详解

`工艺流程` >>>>>

基层处理→抹底子灰→涂刷基层封闭涂料→喷射厚涂料→彩色面层涂料喷涂。

（1）**基层处理** 若基层为预制混凝土外墙板时，要将其缺棱掉角及板面上凹凸不平处喷水湿润，抹 1∶3 水泥砂浆勾抹修补平整，并对其防水缝、槽认真处理后，进行淋雨试验，不漏者方可进行下道工序。对于基层为砖墙、加气混凝土墙、现浇混凝土墙面的基层处理同一般抹灰。

（2）**抹底子灰** 底子灰采用 1∶3 水泥砂浆，厚度为 15～20mm。其施工操作方法同外墙一般抹灰，但应注意以下两点。

① 根据图纸要求分格、弹线，并依据缝子宽窄、深浅选择分格条，粘条位置要准确，要横平竖直。

② 打底应由上往下进行，随抹随养护，随往下落架子，一直抹到底后，再将架子升起，从上往下进行喷涂施工，以保证饰面的颜色一致。

（3）**涂刷基层封闭涂料** 底层表面清理干净，并待干燥后喷涂或涂刷基层封闭涂料。

（4）**喷射厚涂料** 待封闭涂料干燥后，用喷枪向墙面喷射厚涂料，即喷涂浮雕花纹涂料 1～2 遍，使之成为浮雕大小点状花纹，喷点呈圆形，有一定密度且均匀。喷完后间隔 7～10min，再用橡胶辊蘸松香水在浮雕花纹上轻轻滚压便可成型。

（5）**彩色面层涂料喷涂** 待浮雕花纹干燥后，用毛刷子辊子滚涂彩色面层涂料两遍，要求厚薄、颜色均匀一致，完后养护 2d。

4. 施工总结

① 施工时应严格控制底层灰的厚度，并留出浮雕涂层的厚度。

② 底子灰要求用大杠刮平，表面无孔洞；用木抹子搓平，无抹纹，表面颜色一致。

③ 基层底子灰应有一定强度，其抗压强度应不小于7MPa，表面干燥，含水率不宜大于10%。

④ 空鼓和裂缝主要原因是底层抹灰没有按要求分格，水泥砂浆面积过大，干缩不一，而形成空鼓和裂缝，底层的空鼓和开裂将涂层拉裂，因此，打底灰时应按图纸上的要求分格，以防止灰层出现收缩裂缝。

⑤ 施工时，为避免堵脚手眼，应严禁采用单排外架子，宜采用双排外架子或活动吊篮。如采用双排外架子施工时，也应禁止将支杆靠压在墙上，以免造成灰层二次修补，影响涂层美观。

⑥ 外墙丙烯酸浮雕饰面允许偏差及检验方法见表2-17。

表2-17　外墙丙烯酸浮雕饰面允许偏差及检验方法

项目	允许偏差/mm	检验方法
表面平整度	4	用2m靠尺和楔形塞尺检查
立面垂直度	5	用2m拖线板和尺量检查
阴阳角方正	4	用200mm方尺检查
分格条(缝)直线度	3	用5m线检查,不足5m拉通线检查

十四、外墙覆层凹凸彩色饰面

1. 施工现场图

外墙覆层凹凸彩色饰面施工现场见图2-59。

外墙饰面喷涂

扫码观看视频

图2-59　外墙覆层凹凸彩色饰面施工现场

2. 注意事项

① 被涂的基层表面须平整，无抹纹、无接槎，无污垢。

② 新砌体喷涂时，一般应有14d以上龄期。如果墙面较干燥，应在喷涂前适当洒水湿润。

③ 喷主涂层时，环境温度不得低于5℃。

3. 施工做法详解

工艺流程

基层处理→打底→喷涂主涂层→滚涂主涂层→滚涂套色涂料→涂乳液罩面。

（1）**基层处理** 基体（或基层）为预制混凝土外墙板时，应将缺棱掉角及板面上凹凸不平处喷水湿润，修补处应涂刷掺108胶（胶重为水重10%）的水泥浆一道，随即用1∶3水泥砂浆补抹平整，并对其防水缝、槽认真处理后，进行淋雨试验，不漏者方可进行下道工序。

对于基体为砖墙、加气混凝土墙、现浇混凝土墙的基层处理同一般抹灰。

（2）**打底** 底子灰采用1∶3水泥砂浆，厚度为15～20mm。其施工操作方法同外墙一般抹灰。但要注意以下两点。

① 根据图纸要求分格、弹线，并依据缝的宽窄、深浅选择分格条，粘条位置要准确，要横平竖直。

② 打底应由上往下进行，随抹随养护，随往下落架子，一直抹到底后，再将架子升起，从上往下进行喷涂施工，以保证饰面的颜色一致。

（3）**喷涂主涂层** 底层灰抹完养护7d后，具有一定强度（不小于7MPa），表面干燥，含水率不大于10%，方可喷涂主涂层。主涂层采用聚合物砂浆（其配料为水泥、细石英砂或细渣砂、108胶、木质素），将料浆拌匀，用手提式喷斗（或83-1型喷枪）喷涂到墙面上，喷头距墙面300～400mm，从上到下喷涂，做到花纹均匀一致。喷光后，如需平花型，在喷涂后15～30min，用橡胶辊或硬质塑料辊筒蘸水轻轻来回滚压2～3遍，将凸起部分压平。

（4）**滚涂主涂层** 主涂层喷完5d后，用短绒毛辊筒蘸丙烯酸涂料在主涂层上来回均匀滚涂（机械也可）两遍，每遍间隔不少于2～3h。

（5）**滚涂套色涂料** 待喷涂在主涂层的丙烯酸面层涂料干燥5h后，再用橡胶辊蘸上与面涂料不同颜色的涂料在凸出部位来回均匀滚动，使其达到套色效果。

（6）**涂乳液罩面** 待套色涂料施工完8h以上，用喷浆器或辊筒涂乳液罩面。

4. 施工总结

① 主涂层喷涂时，应注意表面均布细颗粒；对凸起部分辊压时要上下左右均匀用力。

② 罩面涂层施工时，易挥发出易燃的二甲苯溶剂气体，应注意防火。

③ 须待主涂层充分干燥后方可涂面层。

④ 丙烯酸涂料在储存及运输中须放置于阴凉、隔绝火与热源处。

十五、外墙合成树脂彩色薄抹涂料饰面

1. 施工现场图

外墙合成树脂彩色薄抹涂料饰面施工现场见图2-60。

2. 注意事项

① 薄抹涂料时，应将沾在门窗框上的残余涂料用擦布及时擦干净。

② 薄抹涂料完成后，应及时用木板或小木方将洞口保护好，防止碰撞损坏。

③ 拆架子、翻跳板时，要注意轻拆轻放，

图 2-60 外墙合成树脂彩色薄抹涂料
饰面施工现场

严防碰撞墙面和污染薄抹饰面层。

④ 油工在施工操作时，严禁蹬踩已施工完的部位，还应注意切勿将油桶碰翻，使涂料污染薄抹涂面。

⑤ 室内施工时一律不准从内往外清倒垃圾，严防污染薄抹饰面。

⑥ 薄抹干燥前，应防止雨淋、尘土污染和热空气的侵袭。一旦发生，应及时进行修补处理。

3. 施工做法详解

工艺流程 »»»

基层处理→分格→薄抹涂层涂抹→喷涂疏水防尘剂。

(1) **基层处理**　将混凝土表面或混合砂浆、石灰砂浆及水泥砂浆表面的灰尘、污垢、溅沫和砂浆流痕、渣等清理干净。同时将基层缺棱掉角处用 1∶3 水泥砂浆修补好；表面的麻面及缝隙应用 1∶5∶1（聚醋酸乙烯乳液∶水泥∶水）调合的腻子填实补平。并用同样配合比的腻子进行局部刮腻子，待腻子干后，用砂纸磨平。

(2) **分格**　根据设计要求进行吊垂直、套方、找规矩、弹分格线（图 2-61）。此项工作必须严格控制标高，必须保证建筑物外墙周圈闭合（交圈），还应考虑外墙在薄抹当中分段进行时，应以分格缝、墙的阴角处或水落管等为分界线和施工缝，垂直分格缝则必须进行吊垂直，千万不能用尺子量，否则差二三毫米都是很明显的，缝格必须是平直、光滑、粗细一致。分格缝可以在薄抹前做完，也可以在基层表面锯割出沟槽，也可以在薄抹时加设木条分格缝，待涂膜干后再取出。

图 2-61　外墙弹分格线

(3) **薄抹涂层涂抹**　合成树脂彩色薄抹涂料，施涂前须注意涂料的搅拌应使用棒或小铲等工具操作，并拌均匀，然后就用铁抹子进行薄抹施工，其操作方法同一般罩面灰。所配制的薄抹涂料需在 4h 左右用完，否则表面会开始硬结影响薄抹涂料的质量。

(4) **喷涂疏水防尘剂**　薄抹涂层涂抹后，在常温下需待 2d 左右才能完全干燥，在干燥的饰面涂层上，再罩一层透明的疏水防尘剂，可喷涂，也可用毛辊或毛刷进行滚涂和刷涂。刷涂要均匀，避免产生气泡和钉眼。一道罩面涂料涂刷 1～2 遍，完活后立即用清水洗手和清洗工具。

4. 施工总结

施工中易发生的问题及其原因、解决办法如下。

① 彩色不均，修补接槎明显：其主要原因是配合比掌握不准，彩砂掺料不均，抹涂层厚度不一；若采用单排外脚手架施工，随拆架子随堵抹脚手眼，随抹灰，随抹彩色薄涂层，

因底层二次修补灰层与后抹灰层含水率不一，面层施工后含水率高，因此面层施工要指派专人负责，以便操作手法一致，涂层厚度掌握均匀；应严禁采用单排外脚手架，若采用双排外架子施工时，也要注意不得将直杆压在墙体上，造成二次修补，影响薄抹涂层美观。

② 薄抹涂层空鼓、裂缝：其主因是结构基底不平、底层抹灰厚薄不均、没有按操作规程分层打底和分格施工。由于大面积水泥砂浆、混合砂浆及石灰砂浆抹后不分格、不分层，干燥收缩不一，会形成空鼓裂缝；此外，在做面层时，由于基层清理不净，基层比较干燥，也同样会将面层拉裂。

③ 底层灰必须抹平，无明显抹纹，不得超出规范规定的标准，否则将影响彩色薄抹饰面层质量。

④ 薄抹涂层的接槎应留在不显眼的地方或分格线、水落管后面。不得无计划乱甩槎，严禁在分块中间留槎，形成涂层花感。二次接槎时注意抹涂层的厚度，避免重叠抹涂，形成局部花感。

第 三 章

吊顶与隔墙工程

第一节 ▶ 吊顶工程施工

一、木龙骨吊顶安装

1. 示意图和施工现场图

木龙骨利用槽口拼接示意和木龙骨吊顶施工现场分别见图 3-1 和图 3-2。

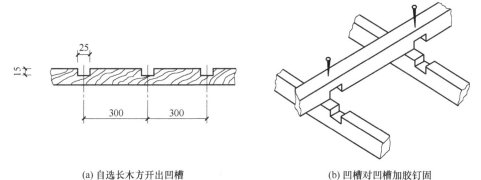

(a) 自选长木方开出凹槽   (b) 凹槽对凹槽加胶钉固

图 3-1　木龙骨利用槽口拼接示意

图 3-2　木龙骨吊顶施工现场

2. 注意事项

① 木龙骨安装要求保证没有劈裂、腐蚀、虫眼、死节等质量缺陷；规格为截面长 30～40mm、宽 40～50mm，含水率低于 10%。

② 龙骨应进行精加工，表面刨光，接口处开槽，横、竖龙骨交接处应开半槽搭接，并应进行阻燃剂涂刷处理。

3. 施工做法详解

工艺流程 ▷▷▷▷

施工准备→龙骨安装→单面板安装。

（1）施工准备

① 木龙骨的处理

a. 防腐处理。建筑装饰工程中选用的木质龙骨材料，应按规定选材并在构造上做防潮处理，同时亦应涂刷防腐防虫药剂（图 3-3）。

b. 防火处理。工程中木构件的防火处理，一般是将防火涂料涂刷或喷于木材表面，也可把木材置于防火涂料槽内浸渍。防火涂料据其胶结性质分为油质防火涂料（内掺防火剂）与氯乙烯防火涂料、可赛银（酪素）防火涂料、硅酸盐防火涂料。

② 龙骨架的拼接。为方便安装，木龙骨吊装前通常是先在地面进行分片拼接。

a. 分片选择：确定吊顶骨架面上需要分片或可以分片安装的位置和尺寸，根据分片的平面尺寸选取龙骨纵横型材（已防腐、防火处理后晾干）。

木龙骨防腐工艺

扫码观看视频

图 3-3　木龙骨涂刷防腐防虫药剂

b. 拼接（图 3-4）：先拼接组合大片的龙骨骨架，再拼接小片的局部骨架。拼接组合的面积不可过大，否则不便吊装。

图 3-4　木龙骨拼接

c. 成品选择：对于截面为 25mm×30mm 的木龙骨，可选用市售成品木方型材；如为确保吊顶质量而采用木方现场制作，必须在木方上按中心线距 300mm 开凿深 15mm、宽 25mm 的凹槽。骨架的拼接，即按凹槽对凹槽的方法咬口拼接，拼口处涂胶并用圆钉固定。传统木工所用胶料多为蛋白质胶，如皮胶和骨胶；现多采用化学胶，如酚醛树脂胶、脲醛树脂胶和聚醋酸乙烯乳液等。目前在木质材料胶结操作中使用最普遍的是最后两者，因其硬化

图 3-5　弹顶棚标高水平线

快（胶结后即可进行加工），黏结力强，并具耐水和抗菌性能。

③ 弹线定位

a. 弹标高水平线：根据楼层标高水平线，顺墙高量至顶棚设计标高，沿墙四周弹顶棚标高水平线（图 3-5）。

b. 画龙骨分档线：沿已弹好的顶棚标高水平线，画好龙骨的分档位置线。

c. 将预埋钢筋端头弯成环形圆钩，穿 8 号镀锌钢丝或用 $\phi6$、$\phi8$ 螺栓将大龙骨固定，未预埋钢筋时可用膨胀螺栓，并保证其设计标高。吊顶起拱按设计要求，设计无要求时，一般为房间跨度的 $1/300\sim1/200$。

（2）龙骨安装

① 吊点紧固件安装。无预埋的顶棚，可用金属胀铆螺栓或射钉将角钢块固定于楼板底（或梁底）作为安设吊杆的连接件。对于小面积轻型的木龙骨装饰吊顶，也可用胀铆螺栓固定木方（截面约为 40mm×50mm），吊顶骨架直接与木方固定或采用木吊杆。

② 龙骨安装

a. 主龙骨吊点间距、起拱高度应符合设计要求。当设计无要求时，吊点间距应小于 1.2m。应按房间短向跨度的（0.1‰～0.3‰）起拱，主龙骨安装后应及时校正其位置标高。吊杆应通直，距主龙骨端部距离不得超过 300mm。当吊杆与设备相遇时，应调整吊点构造或增设吊杆；当吊杆长度大于 1.5m 时，应设置反支撑。根据目前经验，宜每 3～4m² 设一根，宜采用不小于∟ 30mm×30mm 等边角钢。

b. 主龙骨调平一般以一个房间为单元。调整方法可用 6cm×6cm 木方按主龙骨间距钉圆钉，再将长木方条横放在主龙骨上，并用铁钉卡住各主龙骨，使其按规定间隔定位，临时固定，如图 3-6 所示。木方两端要顶到墙上或梁边，再按十字和对角拉线，拧动吊杆螺栓，升降调平，如图 3-7 所示。

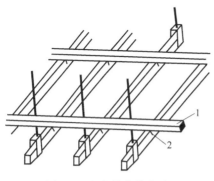

图 3-6　主龙骨定位方法
1—木方条；2—铁钉

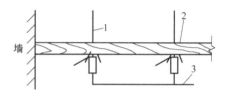

图 3-7　主龙骨固定调平示意
1—吊杆；2—木方；3—主龙骨

c. 次龙骨应紧贴主龙骨安装（图 3-8），固定板材的次龙骨间距不得大于 600mm，在潮湿地区或场所，间距宜为 300～400mm。用沉头自攻钉安装饰面板时，接缝处次龙骨宽度不得小于 40mm。中（次）龙骨垂直于主龙骨，在交叉点用中（次）龙骨吊挂件将其固定在主

图 3-8　次龙骨安装

龙骨上，吊挂件上端搭在主龙骨上，挂件 U 形腿用钳子卧入主龙骨内。

d. 暗龙骨系列的横撑龙骨应用连接件将其两端连接在通长次龙骨上。通长次龙骨连接处对接错位不得超过 2mm。明龙骨系列的横撑龙骨与通长龙骨搭接处的间隙不得大于 1mm。

③ 龙骨架与吊点固定。固定的做法有多种，视选用的吊杆及上部吊点构造而定，如以 $\phi 6$ 钢筋吊杆与吊点的预埋钢筋焊接，利用扁铁与吊点角钢以 M6 螺栓连接，利用角钢作吊杆与上部吊点角钢连接等。吊杆与龙骨架的连接，根据吊杆材料的不同可分别采用绑扎、钩挂及钉固等，如扁铁及角钢杆件与木龙骨可用两个木螺钉固定。

对于跌级吊顶，一般是从最高平面（相对地面）开始吊装，吊装与调平的方法同上述，但其龙骨架不可能与吊顶标高线上的沿墙龙骨连接。其高低面的衔接，常用做法是先以一条木方斜向将上下平面龙骨架定位，而后用垂直方向的木方把上下两平面的龙骨架固定连接起来。

分片龙骨架在同一平面对接时，将其端头对正，而后用短木方进行加固，将木方钉于龙骨架对接处的侧面或顶面均可。对一些重要部位的龙骨接长，须采用铁件进行连接紧固。

④ 龙骨的整体调平。木骨架按图纸要求全部安装到位之后，即在吊顶面下拉出十字或对角交叉的标高线，检查吊顶骨架的整体平整度。对于骨架底平面出现有下凸的部分，要重新拉紧吊杆；对于有上凹现象的部位，可用木方杆件顶撑，尺寸准确后将木方两端固定。各个吊杆的下部端头均按准确尺寸截平，不得伸出骨架的底部平面。

（3）罩面板安装

① 罩面板的固定方法

a. 圆钉钉固法（图 3-9）：这种方法多用于胶合板、纤维板的罩面板安装。在已装好并经验收的木骨架下面，按罩面板的规格和拉缝间隙，在龙骨底面进行分块弹线，在吊顶中间顺通长小龙骨方向，先装一行作为基准，然后向两侧延伸安装。固定罩面板的钉距为 200mm。

罩面板安装

扫码观看视频

b. 木螺钉固定法：这种方法多用于塑料板、石膏板、石棉板。在安装前，罩面板四边按螺钉间距先钻孔，安装程序与方法基本上同圆钉钉固法。

c. 胶粘粘固法（图 3-10）：这种方法多用于钙塑板，安装前板材应选配修整，使厚度、尺寸、边棱整齐一致。每块罩面板粘贴前应进行预装，然后在预装部位龙骨框底面刷胶，同时在罩面板四周刷胶，刷胶宽度为10～15mm，经5～10min后，将罩面板压粘在预装部位。每间顶棚先由中间行开始，然后向两侧分行逐块粘贴，胶黏剂按设计规定，设计无要求时，应经试验选用，一般可用401胶。

图 3-9　圆钉钉固法施工

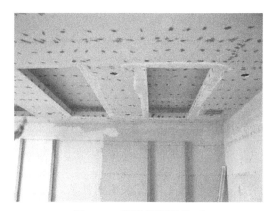

图 3-10　胶粘粘固法施工

② 纸面石膏板安装（图 3-11）

图 3-11　纸面石膏板安装

木作吊顶
封石膏板工艺

扫码观看视频

　　a. 饰面板应在自由状态下固定，防止出现弯棱、凸鼓的现象；还应在棚顶四周封闭的情况下安装固定，防止板面受潮变形。

　　b. 纸面石膏板的长边（即包封边）应沿纵向次龙骨铺设。

　　c. 自攻螺钉与纸面石膏板边的距离，用面纸包封的板边以10～15mm为宜，切割的板边以15～20mm为宜。

　　d. 固定次龙骨的间距，一般不应大于600mm，在南方潮湿地区，间距应适当减小，以300mm为宜。

　　e. 钉距以150～170mm为宜，螺钉应与板面垂直，已弯曲、变形的螺钉应剔除，并在附近的部位另安螺钉。

　　f. 安装双层石膏板时，面层板与基层板的接缝应错开，不得在一根龙骨上。

　　g. 石膏板的接缝，应按设计要求进行板缝处理。

　　h. 纸面石膏板与龙骨固定，应从一块板的中间向板的四边进行固定，不得多点同时作业。

i. 螺钉钉头宜略埋入板面，但不得损坏纸面，钉眼应做防锈处理并用石膏腻子抹平。

j. 拌制石膏腻子时，必须用清洁的水和清洁的容器。

③ 纤维水泥加压板（埃特板）安装

a. 龙骨间距、螺钉与板边的距离，及螺钉间距等应满足设计要求和有关产品的要求。

吊顶刮腻子工艺

扫码观看视频

b. 纤维水泥加压板与龙骨固定时，所用手电钻钻头的直径应比选用螺钉的直径小0.5～1.0mm；固定后，钉帽应做防锈处理，并用油性腻子嵌平。

c. 用密封膏、石膏腻子或掺界面剂胶的水泥砂浆嵌涂板缝并刮平，硬化后用砂纸磨光，板缝宽度应小于50mm。

d. 板材的开孔和切割，应按产品的有关要求进行。

④ 防潮板（图3-12）安装

a. 饰面板应在自由状态下固定，防止出现弯棱、凸鼓的现象。

b. 防潮板的长边（即包封边）应沿纵向次龙骨铺设。

c. 自攻螺钉与防潮板板边的距离，以10～15mm为宜，切割的板边以15～20mm为宜。

d. 固定次龙骨的间距，一般不应大于600mm，在南

图3-12 防潮板

方潮湿地区，钉距以150～170mm为宜，螺钉应与板面垂直，已弯曲、变形的螺钉应剔除。

e. 面层板接缝应错开，不得在一根龙骨上。

f. 防潮板的接缝处理同石膏板。

g. 防潮板与龙骨固定时，应从一块板的中间向板的四边进行固定，不得多点同时作业。

h. 螺钉钉头宜略埋入板面，螺钉应做防锈处理并用石膏腻子抹平。

⑤ 矿棉装饰吸声板安装

a. 规格一般分为300mm×600mm、600mm×600mm、600mm×1200mm三种。300mm×600mm的多用于暗插龙骨吊顶，将面板插于次龙骨上；600mm×600mm及600mm×1200mm一般用于明装龙骨，将面板直接搁于龙骨上。

b. 安装时，应注意板背面的箭头方向和白线方向一致，以保证花样、图案的整体性。

c. 饰面板上的灯具、烟感器、喷淋头、风口算子等设备的位置应合理、美观，与饰面的交接应吻合、严密。

⑥ 硅钙板、塑料板安装

a. 规格一般为600mm×600mm，一般用于明装龙骨，将面板直接搁于龙骨上。

b. 安装时，应注意板背面的箭头方向和白线方向一致，以保证花样、图案的整体性。

c. 饰面板上的灯具、烟感器、喷淋头、风口算子等设备的位置应合理、美观，与饰面的交接应吻合、严密。

⑦ 安装压条。木骨架罩面板顶棚，设计要求采用压条做法时，待一间罩面板全部安装后，先进行压条位置弹线，按线进行压条安装（图3-13）。其固定方法一般同罩面板，钉固间距为30mm，也可用胶粘料粘贴。

图 3-13　压条安装

4. 施工总结

① 在木骨架底面安装顶棚罩面板。罩面板的品种较多，应选用设计要求的品种、规格和固定方式。

② 饰面板安装应确保企口相互交接及图案花纹的吻合。

③ 饰面板与龙骨嵌装时应防止挤压过紧或脱挂。

④ 饰面材料与龙骨的搭接宽度应大于龙骨受力面宽度的 2/3。

⑤ 采用搁置法安装时应留有板材安装缝，每边缝隙不宜大于 1mm。

⑥ 玻璃吊顶龙骨上留置的玻璃搭接宽度应符合设计要求，并应采用软连接。

二、轻钢龙骨吊顶安装

1. 示意图和施工现场图

轻钢龙骨吊顶安装施工示意和施工现场分别见图 3-14 和图 3-15。

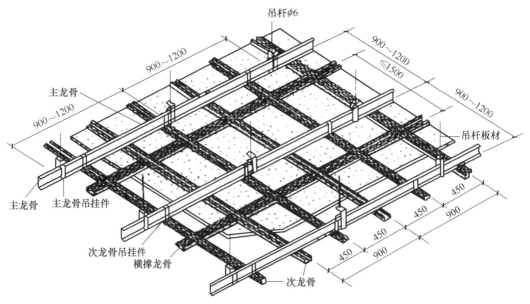

图 3-14　轻钢龙骨吊顶安装施工示意

2. 注意事项

① 轻钢骨架及罩面板安装应注意保护吊顶内各种管线。轻钢骨架的吊杆、龙骨不得固定在通风管道及其他设备上。

② 轻钢骨架、罩面板及其他吊顶材料在运输、进场、存放和使用过程中，应严格管理、码放整齐，做到不变形、不受潮、不生锈。搬运时应轻拿轻放，注意洁净，防止被污染。

③ 施工过程中，对已安装的门窗和已施工完毕的地面、墙面、窗台等部位，应有保护措施。

图 3-15　轻钢龙骨吊顶施工现场

④ 安装好的轻钢骨架不得上人踩踏。其他工种吊挂件或重物严禁吊于轻钢骨架上。

⑤ 为了保护成品，罩面板安装必须在吊顶内管道试水、试压、保温等一切工序全部验收合格后进行。

3. 施工做法详解

工艺流程

施工准备→龙骨安装→罩面板安装。

(1) 施工准备

① 型材及配件

a. U 形龙骨。U 形吊顶龙骨由主龙骨（大龙骨）、次龙骨（中龙骨）、横撑龙骨吊挂件、接插件和挂插件等配件装配而成。

b. T 形龙骨。承重主龙骨及其吊点布置与 U 形龙骨吊顶相同，用 T 形龙骨和 T 形横撑龙骨组成吊顶骨架，把板材搭在骨架翼缘上。

c. 轻钢吊顶龙骨安装前，应根据房间的大小和饰面板材的种类，按照设计要求合理布局，排列出各种龙骨的距离，绘制施工组装平面图。

d. 以施工组装平面图为依据，统计并提出各种龙骨、吊杆、吊挂件及其他各种配件的数量，然后用无齿锯分别截取各种轻钢龙骨备用。

如为现浇钢筋混凝土楼板，应预先埋设吊筋或吊点铁件，也可先预埋铁件以备焊接吊筋用；如为装配式楼板，可在板缝内预埋吊杆或用射钉枪固定吊点铁件。

② 弹线定位

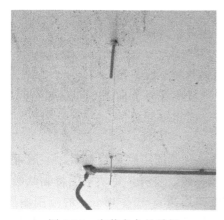

图 3-16　安装主龙骨吊杆

a. 弹顶棚标高水平线。根据楼层标高水平线，用尺竖向量至顶棚设计标高，沿墙、柱四周弹顶棚标高水平线。

b. 画龙骨分档线。按设计要求的主、次龙骨间距布置，在已弹好的顶棚标高水平线上画龙骨分档线。

(2) 龙骨安装

① 安装主龙骨吊杆（图 3-16）。弹好顶棚标高水平线及龙骨分档位置线后，确定吊杆下端头的标高，按主龙骨位置及吊挂间距，将吊杆无螺栓螺纹的一端与楼板预埋钢筋连接固定。未预埋钢筋时可用膨胀螺栓。

② 安装主龙骨

a. 配装吊杆螺母。

b. 在主龙骨上安装吊挂件。

c. 安装主龙骨（图 3-17）：将组装好吊挂件的主龙骨，按分档线位置使吊挂件穿入相应的吊杆螺栓，拧好螺母。

d. 主龙骨相接处装好连接件，拉线调整标高、起拱和平直。

e. 安装洞口的附加主龙骨，按图集相应节点构造，设置连接卡固件。

f. 钉固边龙骨，采用射钉固定。设计无要求时，射钉间距为 100mm。

③ 安装次龙骨

a. 按已弹好的次龙骨分档线，卡放次龙骨吊挂件，见图 3-18。

轻钢龙骨安装

扫码观看视频

图 3-17 安装主龙骨

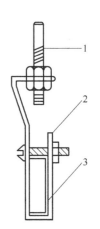

图 3-18 主龙骨连接图

1—φ6 吊杆；2—主龙骨吊挂件；3—主龙骨

b. 吊挂次龙骨：按设计规定的次龙骨间距，将次龙骨通过吊挂件吊挂在主龙骨上，设计无要求时，一般间距为 500～600mm。

c. 当次龙骨长度需多根延续接长时，用次龙骨连接件，在吊挂次龙骨的同时相接，调直固定。

d. 当采用 T 形龙骨组成轻钢骨架时，次龙骨的卡档龙骨应在安装罩面板时每装一块罩面板先后各装一根卡档次龙骨。

（3）罩面板安装

① 固定方法。罩面板与轻钢骨架固定的方式分为罩面板自攻螺钉钉固法、罩面板胶粘粘固法、罩面板托卡固定法三种。

a. 罩面板自攻螺钉钉固法：在已装好并经验收的轻钢骨架下面，按罩面板的规格、接缝间隙进行分块弹线，从顶棚中间顺通长次龙骨方向先装一行罩面板，作为基准，然后向两侧延伸分行安装，固定罩面板的自攻螺钉间距为 150～170mm。

罩面板安装固定

扫码观看视频

b. 罩面板胶粘粘固法：按设计要求和罩面板的品种、材质选用胶黏剂材料，一般可用 401 胶黏结，罩面板应经选配修整，使厚度、尺寸、边棱一致、整齐。每块罩面板黏结时应预装，然后在预装部位龙骨框底面刷胶，同时在罩面板四周边宽 10～15mm 的范围刷胶，经 5min 后，将罩面板压粘在顶装部位。每间顶棚先由中间行开始，然后向两侧分行黏结。

c. 罩面板托卡固定法：当轻钢龙骨为 T 形时，多为托卡固定法安装。T 形轻钢骨架通长次龙骨安装完毕，经检查标高、间距、平直度和吊挂荷载符合设计要求，垂直于通长次龙骨弹分块及卡档龙骨线。罩面板安装由顶棚的中间行次龙骨的一端开始，先装一根边卡档次龙骨，再将罩面板槽装入 T 形次龙骨翼缘或将无槽的罩面板装在 T 形翼缘上，然后安装另一侧卡档次龙骨。按上述程序分行安装，最后分行拉线调整 T 形明龙骨。

② 搁栅安装（图 3-19）。搁栅一般为 100mm×100mm、150mm×150mm、200mm×200mm 等多种方形规格，一般用卡具将饰面板板材卡在龙骨上。

图 3-19　搁栅安装

③ 扣板安装。扣板一般为 100mm×100mm、150mm×150mm、200mm×200mm、600mm×600mm 等多种方形塑料板，还有宽度为 100mm、150mm、200mm、300mm、600mm 等多种条形塑料板，一般用卡具将饰面板板材卡在龙骨上。

④ 铝塑板安装（图 3-20）。铝塑板采用单面铝塑板，根据设计要求，裁成需要的形状，用胶贴在事先封好的底板上，可以根据设计要求留出适当的胶缝。

胶黏剂粘贴时，涂胶应均匀；粘贴时应采用临时固定措施，并应及时擦去挤出的胶液。

图 3-20　铝塑板安装

在打封闭胶时，应先用美纹纸带将布面板保护好，待胶打好后，撕去美纹纸带，清理板面。

⑤ 单铝板或铝塑板安装。将板材加工折边，在折边上加上铝角，再将板材用拉铆钉固定在龙骨上，可以根据设计要求留出适当的胶缝，在胶缝中填满泡沫胶棒，在打封闭胶时，应先用美纹纸带将饰面板保护好，待胶打好后，撕去美纹纸带，清理板面。

⑥ 金属（条、方）扣板安装

a. 条板式吊顶龙骨一般可直接吊挂，也可以增加主龙骨，主龙骨间距不大于1000mm，条板式吊顶龙骨形式与条板配套。

b. 方板吊顶次龙骨分明装T形和暗装卡口两种，可根据金属方板式样选定。次龙骨与主龙骨间用固定件连接。

c. 金属板吊顶与四周墙面所留空隙，用金属压条与吊顶找齐，金属压缝条的材质宜与金属板面相同。

d. 饰面板上的灯具、烟感器、喷淋头、风口算子等设备的位置应合理、美观，与饰面的交接应吻合、严密，并做好检修口的预留。使用材料宜与母体相同，安装时应严格控制整体性、刚度和承载力。

⑦ 安装压条。罩面板顶棚如设计要求有压条，待一间顶棚罩面板安装后，经调整位置，使接缝均匀，对缝平整，按压条位置弹线，然后按线进行压条安装（图3-21）。其固定方法宜用自攻螺钉，螺钉间距为300mm，也可用胶粘料粘贴。

图 3-21　安装压条

4. 施工总结

施工中易遇到的问题与解决办法如下。

① 轻钢骨架不牢固：吊顶的轻钢骨架应吊在主体结构上，并应拧紧吊杆上下螺母，以控制固定标高；安装龙骨时应严格按放线的水平标准线和规方线组装周边骨架。受力节点应严密、牢固，保证龙骨的整体刚度。龙骨的尺寸应符合设计要求，纵横向起拱度均匀，相互吻合。吊顶内的管线、设备不得吊固在轻钢骨架上。同时，吊顶龙骨的吊杆也不得吊固在管线、设备的支撑架和吊杆上。

② 轻钢骨架局部节点构造不合理：吊顶轻钢骨架在检查口、灯具口、通风口等处，应按图纸上的相应节点构造设置龙骨及连接件，以保证骨架的刚度。吊顶龙骨严禁有硬弯，如有发生必须调直后再进行安装。

③ 吊顶面层不平整：施工前应弹线清楚，位置准确，中间按水平线起拱。长龙骨的接长应采用对接；相邻龙骨接头要错开，主龙骨挂件应在主龙骨两侧安装，避免主龙骨向一边倾斜。吊件必须安装牢固，严防松动变形。龙骨分格的几何尺寸必须符合设计要求和罩面板块的模数。龙骨安装完毕，应验收检查合格后再安装饰面板。

④ 罩面板分格间隙缝不直：罩面板的品种、规格符合设计要求，质量必须符合现行国家材料技术标准的规定，无缺损、无污染。施工时注意板块规格，拉线找正，安装固定时保证平整严密。

⑤ 压缝条、压边条不严密、不平直：加工条材规格不一致；使用时应经选择，操作时应拉线找正后固定。

⑥ 罩面板应按规格、颜色等进行分类选配，注意板块的色差，防止颜色不均的质量弊病。

⑦ 大于3kg的重型灯具、电扇及其他重型设备严禁安装在吊顶工程的龙骨上。

⑧ 轻钢龙骨固定罩面板吊顶工程安装的允许偏差和检验方法应符合表 3-1 的规定。

表 3-1　轻钢龙骨固定罩面板吊顶工程安装的允许偏差和检验方法

项类	项目	允许偏差/mm		检验方法
		石膏板、纤维水泥加压板	大芯板、木质多层板	
龙骨	龙骨间距	2	2	尺量检查
	龙骨平直度	3	3	尺量检查
	起拱高度	3	3	拉线尺量
	龙骨四周水平度	5	5	尺量或水平尺检查
罩面板	表面平整度	3	2	用2m靠尺检查
	接缝直线度	3	3	拉5m线检查
	接缝高度	1	1	用直尺或塞尺检查

三、铝合金龙骨吊顶安装

1. 施工现场图

铝合金龙骨吊顶安装施工现场见图 3-22。

图 3-22　铝合金龙骨吊顶安装施工现场

2. **注意事项**

① 施工过程中，对已安装的门窗和已施工完毕的地面、墙面、窗台等部位，应有保护措施。

② 为了保护成品，饰面板安装必须在吊顶内管道试水、试压、保温等一切工序全部验收合格后进行。

③ 安装饰面板时，施工人员应戴手套，以防污染板面。

3. **施工做法详解**

工艺流程 >>>>>

施工准备→龙骨安装→罩面板安装。

(1) 施工准备

① 弹线定位

a. 根据设计图纸，结合具体情况，将龙骨及吊点位置弹到楼板底面上。如果吊顶设计要求具有一定造型或图案，应先弹出顶对称轴线，龙骨及吊点位置应对称布置。

b. 龙骨和吊杆的间距、主龙骨的间距是影响吊顶高度的重要因素。不同的龙骨断面及吊点间距，都有可能影响主龙骨之间的距离。各种吊顶、龙骨间距和吊杆间距一般都控制在1.0～1.2m以内。弹线应清晰，位置准确。

c. 铝合金板吊顶，如果是将板条卡在龙骨之上，龙骨应与板成垂直；如用螺钉固定，则要视板条的形状以及设计上的要求而具体掌握。

② 确定吊顶标高（图3-23）。将设计标高线弹到四周墙面或柱面上；如果吊顶有不同标高，那么应将变截面的位置弹到楼板上。然后，再将角铝或其他封口材料固定在墙面或柱面，封口材料的底面与标高线重合，角铝常用的规格为25mm×25mm，铝合金板吊顶的角铝应同板的色彩一致。角铝多用高强水泥钉固定，亦可用射钉固定。

(2) 龙骨安装

① 吊杆或镀锌钢丝的固定。与结构一端的固定，常用的办法是用射钉枪将吊杆或镀锌钢丝固定。可以选用尾部带孔或不带孔的两种射钉规格。

如果用角钢一类材料做吊杆，则龙骨也大部分采用普通型钢，应用冲击钻固定胀管螺栓，然后将吊杆焊在螺栓上。吊杆与龙骨的固定（图3-24），可以采用焊接或钻孔用螺栓固定。

图3-23　确定吊顶标高

图3-24　吊杆安装

② 龙骨安装与调平

a. 安装时，根据已确定的主龙骨（大龙骨）位置及确定的标高线，先大致将其基本就位，次龙骨（中、小龙骨）应紧贴主龙骨安装就位。

b. 龙骨就位后，再满拉纵横控制标高线（十字中心线），从一端开始，一边安装，一边调整，最后再精调一遍，直到龙骨调平和调直为止。如果面积较大，在中间还应考虑水平线适当起拱。调平时应注意一定要从一端调向另一端，要做到纵横平直。

特别是对于铝合金吊顶，龙骨的调平调直是施工工序比较麻烦的一道，龙骨是否调平，也是板条吊顶质量控制的关键。因为只有龙骨调平，才能使板条饰面达到理想的装饰效果。

③ 边龙骨宜沿墙面或柱面标高线钉牢。固定时，一般常用高强水泥钉，钉的间距不宜大于50cm。如果基层材料强度较低，紧固力不好，应采取相应的措施，改用胀管螺栓或加大钉的长度等办法。边龙骨一般不承重，只起封口作用。

④ 一般选用连接件接长。连接件可用铝合金，亦可用镀锌钢板，在其表面冲成倒刺，与主龙骨方孔相连。应全面校正主、次龙骨的位置及水平度，连接件应错位安装。

（3）罩面板安装 罩面板安装的规定与要求参见"木龙骨吊顶"及"轻钢龙骨吊顶"的相关内容。

要使板材的几何尺寸能适应铝合金龙骨吊顶所承受的荷载能力。如结构尺寸为600mm×900mm、600mm×1200mm时，就不能安装石膏板，而只能安装矿棉板。铝合金龙骨（T形龙骨）顶棚板的安装方式如图3-25所示。

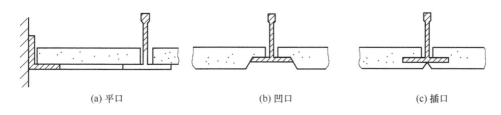

| (a) 平口 | (b) 凹口 | (c) 插口 |

图 3-25　铝合金龙骨（T形龙骨）顶棚板的安装方式

4. 施工总结

① 吊顶标高、尺寸、起拱和造型应符合设计要求。

② 金属板的材质、品种、规格、图案和颜色应符合设计要求及国家标准的规定。

③ 吊杆、龙骨的材质、规格、安装间距及连接方式应符合设计要求。金属吊杆应经过表面防锈处理。

④ 金属板与龙骨连接必须牢固，不得松动变形。

⑤ 金属板条、块分格方式应符合设计要求。无设计要求时应对称美观，套割尺寸应准确，边缘整齐，不漏缝。条、块排列顺直、方正。

第二节 ▶ 隔墙工程施工

一、骨架隔墙施工

1. 示意图和施工现场图

骨架隔墙结构示意和施工现场分别见图3-26和图3-27。

骨架隔墙施工

扫码观看视频

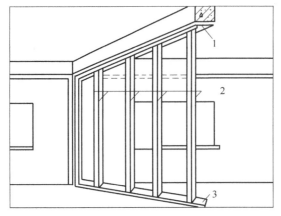

图 3-26　骨架隔墙结构示意
1—沿顶龙骨；2—竖龙骨；3—沿地龙骨

图 3-27　骨架隔墙施工现场

2. 注意事项

① 隔墙木骨架及罩面板安装时，应注意保护顶棚内装好的各种管线、木骨架的吊杆。

② 施工部位已安装的门窗、地面、墙面、窗台等应注意保护、防止损坏。

③ 条木骨架材料，特别是罩面板材料，在进场、存放、使用过程中应妥善管理，使其不变形、不受潮、不损坏、不污染。

④ 骨架隔墙所用龙骨、配件、墙面板、填充材料及嵌缝材料的品种、规格、性能和木材的含水率应符合设计要求。有隔声、隔热、阻燃、防潮等特殊要求的工程，材料应有相应性能等级的检测报告。

⑤ 骨架隔墙工程边框龙骨必须与基体结构连接牢固，并应平整、垂直、位置正确。

⑥ 骨架隔墙中龙骨间距和构造连接方法应符合设计要求。骨架内设备管线的安装、门窗洞口等部位加强龙骨应安装牢固、位置正确，填充材料的设置应符合设计要求。

⑦ 木龙骨及木墙面的防火和防腐处理必须符合设计要求。

⑧ 骨架隔墙的墙面板应安装牢固，无脱层、翘曲、折裂及缺损。

3. 施工做法详解

`工艺流程` >>>>>

放线→安装沿顶龙骨和沿地龙骨→竖向龙骨分档→安竖龙骨→安装横撑→安一侧单面板→安装墙体内电管、盒及电箱设备→安另一侧单面板→接缝处理。

（1）**放线**　在基体地面及顶上弹出水平线和墙面竖向垂直线，以控制隔墙龙骨安装的位置、搁栅的平直度和固定点。

（2）**安装沿顶龙骨和沿地龙骨**　按已放好的隔墙位置线，先安装地面水平龙骨（图 3-28），用膨胀螺栓固定，再垂直吊线翻到顶板上做好标记，固定沿顶龙骨。螺栓间距不超过1000mm，固定之前按设计要求放通长的橡胶垫。龙骨端接头要平整、牢固。

（3）**竖向龙骨分档**　竖向龙骨间距一般为400mm，需根据罩面板板宽尺寸确定，板接头缝必须在竖龙骨上，因此在分档时要考虑板宽及板缝隙后确定竖龙骨间距，并画好线。

（4）**安竖龙骨**（图 3-29）

① 先安隔墙两端靠基体墙的竖向龙骨，将竖龙骨立起，紧贴基体墙

龙骨安装

扫码观看视频

图 3-28　地面水平龙骨安装

面，线坠吊直后用螺栓固定。然后根据分档安装竖向龙骨，竖龙骨应垂直，线坠吊直后，上下端头顶紧并用大钉子斜向钉入沿顶或沿地龙骨上。

② 门洞口两边的竖向龙骨要加大断面（根据设计）或安双根竖龙骨，门框上方要加人字斜撑（门口处沿地龙骨要断开）。

（5）**安装横撑（图 3-30）**　横撑水平布置于竖向龙骨之间，一般间距 1200～1500mm（根据设计确定），横撑两端头顶紧竖龙骨，同一行横撑要求在同一直线上，并呈水平，两头用铁钉斜向钉牢于竖龙骨上。

图 3-29　竖向龙骨安装

图 3-30　安装横撑

（6）安一侧罩面板

① 木龙骨框架安装后，经检查验收，可先钉装一侧的罩面板，宜从下往上逐块钉设，并以竖向钉为宜。竖向拼缝要求垂直，横向拼缝要求水平，拼缝应位于竖向龙骨和横撑中间。拼缝间隙要符合设计要求。

② 固定罩面板（图 3-31）：沿边缘用钉子固定，钉距 80～150mm，钉冒要砸扁，钉入板面 0.5～1mm，当面层涂刷清漆时，钉眼用油性腻子抹平。如有条件时用气钉钉牢。

③ 如隔墙有防火或隔声要求时，钉完一侧罩面板时，可以根据设计要求钉装矿棉、岩棉或隔声防火材料。

④ 罩面板如露花纹时，钉装就位前首先进行挑选，纹路、颜色、上下板、左右板相互呼应。

（7）**安装墙体内电管、盒及电箱设备**　在木结构墙体内安装电管盒槽（图 3-32），必须有可靠的防火隔离措施，并按有关消防管理部门批准的设计方案进行安装。

图 3-31　固定罩面板

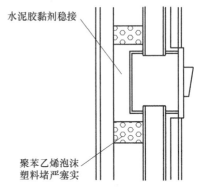

图 3-32　安装电管盒槽示意

（8）**安另一侧罩面板**　安在隔墙内的电气设施进行隐检后再安装另一侧罩面板，方法同第 105 页（6）条。

（9）**接缝处理**　罩面板接缝可选明缝或加压条（木压条或金属压条），均按设计要求进行。

4. 施工总结

① 沿顶和沿地龙骨与主体结构连接牢固，保证隔断的整体性。两端为砖墙时，沿顶沿地龙骨插入砖墙内应不少于 120mm，深入部分应做防腐处理；两端若为混凝土墙柱，可采取打膨胀螺栓等方法，使隔墙与结构紧密连接，形成整体。

② 所有龙骨钉板的一面均应刨光，龙骨应严格按线组装，尺寸一致，找方找直，交接处要平整。

③ 钉罩面板前，应认真检查，如龙骨变形或被撞动，应修理后再钉面板。

④ 面板薄厚不均时，应以厚板为准，薄的背面垫起，但必须垫实、垫平、垫牢，面板正面应刮直（朝外为正面，靠龙骨面为反面）。

⑤ 注意细部构造做法，避免隔墙与主体墙、顶交接处不直不顺、门框与面板不交圈、接头不严不直、踢脚板进墙不一致、接缝翘起。

⑥ 骨架隔墙安装的允许偏差和检验方法应符合表 3-2 的规定。

表 3-2　骨架隔墙安装的允许偏差和检验方法

项目	允许偏差/mm	检验方法
立面垂直度	4	用 2m 垂直检测尺检查
表面平整度	3	用 2m 靠尺和塞尺检查
阴阳角方正	3	用直角检测尺检查
接缝直线度	3	拉 5m 线,不足 5m 拉通线,用钢直尺检查
压条直线度	3	拉 5m 线,不足 5m 拉通线,用钢直尺检查
接缝高低差	1	用钢直尺和塞尺检查

二、板材隔墙施工

1. 示意图和施工现场图

安装吊挂埋件示意和石膏板隔墙施工现场分别见图3-33和图3-34。

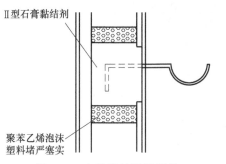

图 3-33 安装吊挂埋件示意

图 3-34 石膏板隔墙施工现场

板材隔墙施工

扫码观看视频

2. 注意事项

施工中可能出现的问题及注意事项如下。

① 墙体收缩变形及板面裂缝：竖向龙骨紧顶上下龙骨，没留伸缩量，超过12m长的墙体未做控制变形缝，造成墙面变形。隔墙周边应留3mm的空隙，这样可减少因温度和湿度影响产生的变形和裂缝。对重要部位必须采用附加龙骨，龙骨之间的连接必须牢固。

② 轻钢骨架连接不牢固：原因是局部节点不符合构造要求，安装时局部节点应严格按规定处理。钉固间距、位置、连接方法应符合设计要求。

③ 墙体罩面板不平：主要由两个原因造成：一是龙骨安装横向错位，二是石膏板厚度不一致。

④ 接缝处产生竖向裂缝：主要是嵌缝腻子操作不认真，缝内填塞不实。

3. 施工做法详解

弹线→安装上下槛→立筋定位、安装→横棱安装→横撑加固→罩面板安装→铝合金装饰条板安装。

(1) **弹线** 施工时应先在地面、墙面、平顶弹闭合墨线。

(2) **安装上下槛** 用铁钉、预埋钢筋将上、下槛按墨线位置固定牢固，当木隔墙与砖墙连接，上、下槛须伸入砖墙内至少12cm。

(3) **立筋定位、安装** 先立边框墙筋，然后在上、下槛上按设计要求的间距画出立筋位置线，其间距一般为40～50cm。如有门口，其两侧需各立一根通天立筋，门窗樘上部宜加钉人字撑。立撑之间应每隔1.2～1.5m加钉横撑一道。隔墙立筋安装应位置正确、牢固。

(4) **横棱安装** 横棱须按施工图要求安装，其间距要配合板材的规格尺寸。横棱要水平钉在立筋上，两侧面与立筋平齐。如有门窗，窗的上、下及门上应加横棱，其尺寸比门窗洞口大2～3cm，并在钉隔墙时将门窗同时钉上。

(5) **横撑加固** 隔墙立筋不宜与横撑垂直，而应有一定的倾斜，以便楔紧和钉钉，因而横撑的长度应比立筋净空尺寸长10～15mm，两端头按相反方向稍锯成斜面。

(6) **罩面板安装** 覆面板材用圆钉钉于立筋和横筋上，板边接缝处宜做成坡棱或留3～7mm的缝隙。纵缝应垂直，横缝应水平，相邻横缝应错开。不同板材的装钉方法有所不同。

① 石膏板安装（图 3-35）。安装石膏板前，应对预埋在隔断中的管道和附于墙内的设备采取局部加强措施。

图 3-35　石膏罩面板安装

石膏板宜竖向铺设，长边接缝宜落在竖向龙骨上。双面石膏罩面板安装，应与龙骨一侧的内外两层石膏板错缝排列，接缝不应落在同一根龙骨上。需要隔声、保温、防火的，应根据设计要求在龙骨一侧安装好石膏罩面板后，进行隔声、保温、防火等材料的填充。一般采用玻璃丝棉或 30～100mm 岩棉板进行隔声、防火处理，采用 50～100mm 苯板进行保温处理，然后再封闭另一侧的板。

石膏板应采用自攻螺钉固定。周边螺钉的间距不应大于 200mm，中间部分螺钉的间距不应大于 300mm，螺钉与板边缘的距离应为 10～16mm。

安装石膏板时，应从板的中部开始向板的四边固定。钉头略埋入板内，但不得损坏纸面；钉眼应用石膏腻子抹平；钉头应做防锈处理。

石膏板应按框格尺寸裁割准确；就位时应与框格靠紧，但不得强压。

隔墙端部的石膏板与周围的墙或柱应留有 3mm 的槽口。施铺罩面板时，应先在槽口处加注嵌缝膏，然后铺板并挤压嵌缝膏使面板与邻近罩面板接触紧密。

在"丁"字形（图 3-36）或"十"字形（图 3-37）相接处，如为阴角，应用腻子嵌满，贴上接缝带；如为阳角，应做护角。

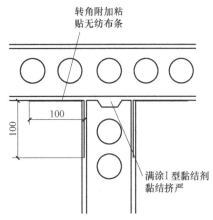

图 3-36　板与板丁字形连接

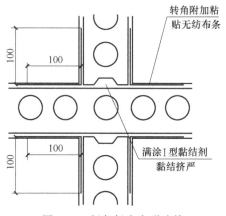

图 3-37　板与板十字形连接

② 胶合板和纤维（埃特板）板、人造木板安装。安装胶合板、人造木板的基体表面，需用油毡、油纸防潮时，应铺设平整，搭接严密，不得有皱褶、裂缝和透孔等。

胶合板、人造木板采用直钉固定（图 3-38）；如用钉子固定，钉距为 80～150mm，钉帽应打扁并钉入板面 0.5～1mm，钉眼用油性腻子抹平。胶合板、人造木板如涂刷清油等涂料时，相邻板面的木纹和颜色应近似。需要隔声、保温、防火的，应根据设计要求在龙骨安装好后，进行隔声、保温、防火等材料的填充。一般采用玻璃丝棉或 30～100mm 厚岩棉板进行隔声、防火处理，采用 50～100mm 厚苯板进行保温处理，然后再封闭罩面板。

图 3-38 人造木板固定

墙面用胶合板、纤维板装饰时，阳角处宜做护角；硬质纤维板应用水浸透，自然阴干后安装。

胶合板、纤维板用木压条固定时，钉距不应大于 200mm，钉帽应打扁，并钉入木压条 0.5～1mm。钉眼用油性腻子抹平。

用胶合板、人造木板、纤维板作罩面时，应符合防火的有关规定，在湿度较大的房间，不得使用未经防水处理的胶合板和纤维板。

墙面安装胶合板时，阳角处应做护角，以防板边角损坏，并可增加装饰。

③ 塑料板安装。塑料板的安装方法，一般有黏结和钉接两种。

a. 黏结。聚氯乙烯塑料装饰板用胶黏剂黏结，可用聚氯乙烯胶黏剂（601 胶）或聚醋酸乙烯胶。用刮板或毛刷同时在墙面和塑料板背面涂刷，不得有漏刷。涂胶后见胶液流动性显著消失，用手接触胶层感到黏性较大时，即可黏结。黏结后应采用临时固定措施，同时将挤压在板缝中的多余胶液刮除，将板面擦净。

b. 钉接。安装塑料贴面板复合板应预先钻孔，再用螺钉加垫圈紧固，也可用金属压条固定。大螺钉的钉距一般为 400～500mm，排列应整齐一致。

加金属压条时，应拉横竖通线拉直，并应先用钉子将塑料贴面复合板临时固定，然后加盖金属压条，用垫圈找平固定。

（7）铝合金装饰条板安装　用铝合金条板装饰墙面时，可用螺钉直接固定在结构层上，也可用锚固件悬挂或嵌卡的方法，将板固定在墙筋上。

4. 施工总结

① 轻钢龙骨隔墙所用龙骨、配件、罩面板、填充材料及嵌缝材料的品种、规格、性能应符合设计要求。有隔声、隔热、阻燃、防潮等特殊要求的工程，材料应有相应性能等级的检测报告。

② 轻钢龙骨隔墙工程边框架龙骨必须与基体结构连接牢固，并应平整、垂直、位置准确。

③ 轻钢龙骨隔墙中龙骨间距和构造连接方法应符合设计要求。骨架内设备管线的安装、门窗洞口等部位加强龙骨应安装牢固、位置准确，填充材料的设置应符合设计要求。

④ 轻钢龙骨隔墙的填充材料应干燥，填充密实、均匀，无下坠。

⑤ 轻钢龙骨隔墙石膏罩面板隔墙的允许偏差和检验方法应符合表 3-3 的规定。

表 3-3　轻钢龙骨隔墙石膏罩面板隔墙的允许偏差和检验方法

项目	允许偏差/mm	检验方法
立面垂直度	3	用 2m 垂直检测尺检查
表面平整度	3	用 2m 垂直靠尺和塞尺检查
阴阳角方正	3	用直角检测尺检查
接缝高低差	1	用钢直尺和塞尺检查

三、活动隔墙施工

1. 示意图和施工现场图

悬吊活动隔墙安装示意和施工现场分别见图 3-39 和图 3-40。

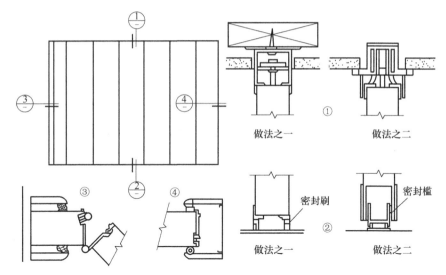

图 3-39　悬吊活动隔墙安装示意

图 3-40　悬吊活动隔墙施工现场

2. 注意事项

① 木制隔扇进场后应储存在仓库或料棚中，并按制品的种类、规格水平堆放，底层应搁置垫木，在仓库中垫木离地高度应不小于200mm，在临时料棚中离地面高度不应小于400mm，使其能自然通风并采取防雨、防晒措施。

② 为防止碰坏或污染，安装后应及时采取保护措施，如装设保护条、塑料膜，设专人看管等。

③ 进场的钢制轨道、滑轮等要保管好，拆箱验收检查规格数量符合要求后，分类码好。

④ 导轨安装应水平、顺直，不应倾倒不平、扭曲变形。

⑤ 镶板表面应平整，边缘整齐，不应有污垢、翘曲、起皮、色差和图案不完整的缺陷。

⑥ 与结构连接的木框架、预埋木砖等应做防腐处理，金属连接件应做防腐和防锈。防腐剂和防锈剂应符合相关规定的要求。

3. 施工做法详解

工艺流程

弹线定位→安靠墙竖框→预制隔扇→安装轨道→安装活动隔扇→饰面。

(1) 弹线定位　根据施工图，在室内地面放出移动式木隔断的位置，并将隔断位置线引至侧墙及顶板。

(2) 安靠墙竖框　隔断两端均安装靠墙竖框，一端竖框与第一隔扇相连，另一端竖框与活动隔墙最后一扇临时连接。竖框规格尺寸、造型均要符合设计要求，但必须与两端墙基体连接牢固、垂直。两端竖框中心线都控制在隔墙线内。

(3) 预制隔扇　首先根据图纸结合实际测量出移动隔断的高、宽净尺寸，并确认轨道的安装方式，然后计算每一块活动隔扇的高、宽净尺寸（中间扇宽度均等，两端第一扇宽度为中间扇的1/2再减去20mm），绘出加工图。由于活动木隔断是室内活动的墙，每块隔扇都应像装饰木门一样，美观、精细，所以尽可能在专业厂家车间制作，以保证产品的质量。其主要工序是：配料、截料、刨料、划线凿眼、倒棱、裁口、开榫断肩、组装、加楔净面、油漆饰面。油漆饰面的工作也可以安装好后做，但为防止开裂、变形，应先刷一遍清漆或底漆。

(4) 安装轨道

① 悬吊导向式固定方法（滑轮装在隔扇顶部）

a. 根据顶部已弹好的隔墙中心线，将滑轮轨道外皮线弹出。

b. 安装固定滑轮轨道一侧的扁钢卡子（3mm厚Z字形），间距450mm，用膨胀螺栓固定。

c. 轨道一侧扁钢卡子安完以后，开始安装滑轮轨道，将轨道一侧安装到卡子内，立即安装另一侧的扁钢卡子，然后将滑轮轨道调平、调直。轨道靠扁钢卡定位，因此卡子与顶板之间的连接必须牢固可靠。

d. 如果混凝土顶板标高与隔墙高度模数不相符，应在顶上另安装钢制吊架，固定滑轮轨道。

e. 在隔扇下部不设轨道，与地面接触的缝隙处理按设计要求。

② 支承导向式固定方法（滑轮装在隔扇底部）

a. 根据地面弹好的隔墙线，找好轨道标高，将固定滑轮轨道的连接件通过膨胀螺栓固定安装在混凝土楼板上。如有预埋件，也可焊在预埋件上。

b. 拉通线安滑轮轨道，钢制轨道槽底与连接件电焊焊牢。

c. 隔扇顶部安装导向杆，防止隔扇的晃动，位置、材质按设计要求。

（5）**安装活动隔扇**（图 3-41） 首先应根据安装方式，先画出滑轮安装位置线，然后将滑轮的固定架用木螺钉固定在木隔扇的上桱顶面或下桱的底面上。隔扇逐块装入轨道后，推移到指定位置，调整各片隔扇，当其都能自由地回转且垂直于地面时，便可进行连接或做最后的固定。每相邻隔扇用三副合页连接，上下合页位置分别设置于扇高度的上、下 1/10 处，并避开上、下桱，中间合页设置在中部偏上位置，距地约为扇高度的 60%。

图 3-41　活动隔扇安装

（6）**饰面** 根据设计可以将移动式木隔断芯板做软包；也可以裱糊墙布、壁纸或织锦缎；还可以用高档木材实木板镶装或贴饰面板制作，采用清漆涂料；也可以镶磨砂、刻花玻璃等，应根据设计要求按相关工艺进行装饰。

4. **施工总结**

① 活动隔断所用墙板、配件等材料的品种、规格、性能应符合设计要求。有阻燃、防潮等特性要求的工程，材料应有相应性能等级的检测报告。

② 构造做法、固定方法应符合设计规定。轨道必须与基体结构连接牢固，并应位置正确。

③ 活动隔墙用于组装、推拉和制动的构配件必须安装牢固、位置正确，推拉必须安全、平稳、灵活。

④ 活动隔墙表面应色泽一致，平整光滑、洁净，线条应顺直、清晰。

⑤ 活动隔墙上的孔洞、槽、盒应位置正确，套割吻合，边缘整齐。

⑥ 活动隔墙推拉应无噪声。

⑦ 活动隔墙安装的允许偏差和检验方法应符合表 3-4 的规定。

表 3-4　活动隔墙安装的允许偏差和检验方法

项目	允许偏差/mm	检验方法
立面垂直度	3	用 2m 垂直检测尺检查
表面平整度	2	用 2m 靠尺和塞尺检查
接缝直线度	3	用 5m 线,不足 5m 拉通线,用钢直尺检查
接缝高低差	2	用钢直尺和塞尺检查
接缝宽度	2	用钢直尺检查

四、玻璃隔墙施工

1. 示意图和施工现场图

金属框架上的玻璃安装示意和玻璃隔墙安装施工现场分别见图 3-42 和图 3-43。

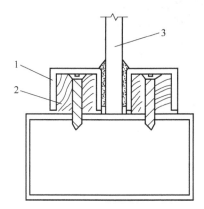

图 3-42　金属框架上的玻璃安装示意
1—金属压条槽；2—木条；3—玻璃板

图 3-43　玻璃隔墙安装施工现场

2. 注意事项

① 玻璃板隔墙清洁后，用粘贴不干胶胶条等方法做出醒目的标志，防止碰撞。

② 对边框粘贴不干胶保护膜或用其他相应方法对边框进行保护，防止其他工序对边框造成损坏或污染。

③ 作为人员主要通道部位的玻璃板隔墙，应设硬性围挡，防止人员及物品碰损隔墙。

3. 施工做法详解

工艺流程 ≫≫≫≫

　放线定位→安装框架→安装玻璃板→嵌缝打胶→边框装饰。

（1）放线定位　先放出地面位置线，再用垂直线法放出墙、柱上的位置线、高度线和沿顶位置线。有框玻璃隔墙标出竖框间隔位置和固定点位置，无竖框玻璃隔墙根据玻璃板宽度标出位置线（缝隙宽度根据设计要求确定），并核实已配置好的玻璃板与实际高度是否相符，如有问题应处理后再安装。

（2）安装框架

① 安装上下沿顶和沿地水平型材

a. 根据已放好的隔墙位置线，先检查与水平框接触的地面和顶面的平整度，如平整度超过允许偏差先进行处理。

b. 安沿地水平框，按隔墙线暂时固定，按标高线找平，检查全长平整，标高一致后再用膨胀螺栓进行固定。

c. 安沿顶水平框，根据顶上已放隔墙线，对准下框边缘，复核是否相符；并核实玻璃安装高度，找平后用膨胀螺栓进行固定。

② 安装竖框

a. 分档：有框玻璃，按玻璃板宽度加竖框宽度，在沿地水平框进行分档画线（有门洞时减去洞宽）。

b. 按分档线安装竖框（图 3-44），先安装靠结构基体墙部位的竖向框，用线坠吊垂直后与基体墙固定，与上下沿顶沿地水平框交接处要割成八字角，用连接件连接平整牢固。然后根据画线安装其他竖向框。要严格控制竖向框的垂直度和间距。

图 3-44　安装竖框

c. 无框玻璃，按玻璃的宽度，加上设计要求的缝隙在沿地水平框划分割线。

（3）安装玻璃板

① 有框玻璃板隔墙安装（图 3-45）

a. 检查玻璃板入框槽的嵌入深度，边缘余隙、前部余隙、后部余隙是否符合设计。无问题后清理槽内杂物灰尘。

b. 槽底安 2 块支承块（距框角 30～50mm），并准备在玻璃两侧面及上框各安 2 块定位块（各距框角 30～50mm）。

c. 安玻璃板：用玻璃吸盘两侧吸着玻璃，横抬运至安装地点，将玻璃竖起，抬放入底槽口支承块上，将两侧定位块塞入竖向框两侧及顶上，吊垂直后嵌入密封条，若不垂直，应重新进行调整。

② 对于无竖框玻璃隔墙。从靠隔墙一端开始安装，因为玻璃板只靠上下两端嵌入沿地沿顶框槽中（先放支承块），安装过程中，控制其垂直度及玻璃的间距位置。第一块安装完后，按线位继续安装，注意控制竖缝宽度要一致。

（4）嵌缝打胶

① 无框玻璃：玻璃全部就位后，校正平整度、垂直度，同时用聚苯乙烯泡沫嵌条嵌入槽口内使玻璃与金属槽接合平顺、紧密，然后打嵌缝胶。注胶时应从缝隙的端头开始，均匀注入，注满后随即用塑料片在玻璃两侧刮平（图 3-46）。打胶前在缝两侧贴保护膜保护玻璃。

图 3-45　有框玻璃板隔墙安装

图 3-46　打胶施工现场

② 有框玻璃：在框四周嵌入密封胶条，在玻璃四周分点嵌入，然后再继续均匀嵌入边框中，镶嵌要平整密实。

（5）边框装饰　根据设计要求在无框玻璃接缝处安装压缝装饰条，在有框玻璃框四周安装饰条。

4. 施工总结

① 放线定位时应检查房间的方正、墙面的垂直度、地面的平整度及标高，考虑吊顶、地面饰面做法和厚度，以保证安装玻璃板隔墙的质量。

② 框架应与结构连接牢固、四周与墙体接缝用弹性密封材料填充密实，防止出现渗漏。

③ 玻璃在安装搬运过程中，应避免碰撞。在有防护装置的情况下竖起玻璃时，施工人员应避免站在玻璃倒向的下方。

④ 采用吊挂式结构形式时，必须事先仔细检查连接方法是否符合设计要求，以确保夹具连接牢固。

⑤ 使用手持玻璃吸盘或玻璃吸盘机时，应事先检查吸附重量和吸附时间。

⑥ 玻璃对接缝处应使用硅酮（聚硅氧烷）结构胶，并严格按照生产厂家的使用说明书进行操作。玻璃周边应机械倒角并磨光。

⑦ 嵌缝橡胶条应具有一定的弹性，不可使用再生橡胶制作的密封条。

⑧ 玻璃应整包装箱运到安装位置，然后开箱，以保证运输安全。

⑨ 加工玻璃前应计算好玻璃的尺寸，并考虑留缝、安装加垫等因素对玻璃加工尺寸的影响。

⑩ 普通玻璃一般情况下可用清水清洗。如有油污情况，可用液体清洗剂先将油污洗掉，然后再用清水擦洗。镀膜面可用水清洗，灰污严重时，应先用中性液体洗涤剂、酒精等将灰污洗落，然后再用清水洗净。清洗时不能用材质太硬的清洁工具或含有磨料微粒及酸、碱性较强的洗涤剂，在清洗其他饰面时，不要将洗涤剂落到镀膜玻璃表面。

⑪ 玻璃板隔墙安装的允许偏差和检验方法应符合表3-5的规定。

表 3-5　玻璃板隔墙安装的允许偏差和检验方法

项目	允许偏差/mm	检验方法
立面垂直度	2	用2m垂直检测尺检查
表面平整度	2	用直角检测尺检查
接缝直线度	2	用5m线，不足5m拉通线
接缝高低差	2	用钢直尺和塞尺检查
接缝宽度	1	用钢直尺检查

第 四 章

饰面砖与饰面板工程

第一节 ▶ 饰面砖施工

一、外墙面贴面砖

1. 施工现场图

外墙面贴面砖施工现场见图 4-1。

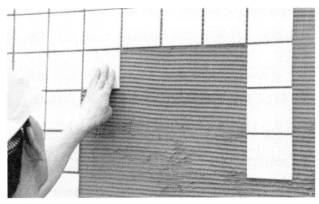

图 4-1 外墙面贴面砖施工现场

2. 注意事项

① 面砖勾缝及擦缝应自上而下进行，防止污染。对于油漆、防水等后续工程可能造成饰面砖污染的面层，应采取临时保护措施。

② 对施工中可能发生碰损的入口、通道、阳角等部位，应采取临时保护措施。

③ 合理安排水、电、设备安装等工序，密切配合施工，不应在饰面砖粘贴后开凿孔洞。

④ 脚手架拆除时注意不要碰损墙面。

3. 施工做法详解

工艺流程 >>>>>

饰面砖工程深化设计→基层处理→施工放线、吊垂直、套方、找规矩、贴灰饼→打底灰、抹找平层→排砖、分格、弹线→浸砖→粘贴饰面砖→勾缝→清理表面。

（1）饰面砖工程深化设计

① 饰面砖粘贴前，应首先对设计未明确的细部节点进行辅助深化设计。确定饰面砖排列方式、缝宽、缝深、勾缝形式及颜色；防水及排水构造、基层处理方法等施工要点，并按不同基层做出样板墙或样板间。

② 确定找平层、结合层、黏结层、勾缝及擦缝材料、调色矿物辅料等的施工配合比，做黏结强度试验，经建设、设计、监理各方认可后以书面的形式确定下来。

③ 饰面砖的排列方式通常有对缝排列、错缝排列、菱形排列、尖头形排列等几种形式；勾缝通常有平缝、凹平缝、凹圆缝、倾斜缝、山形缝等几种形式。外墙饰面砖不得采用密缝，留缝宽度不应小于 5mm；一般水平缝 10～15mm，竖缝 6～10mm，凹缝勾缝深度一般为 2～3mm。

④ 排砖原则定好后，现场实地测量基层结构尺寸，综合考虑找平层及黏结层的厚度，进行排砖设计，条件具备时应采用计算机辅助计算和制图。排砖时宜满足以下要求。

a. 阳角、窗口、大墙面、通高的柱垛等主要部位都要排整砖，非整砖要放在不明显处，且不宜小于 1/2 整砖。

b. 墙面阴阳角处最好采用异形角砖，如不采用异形砖，宜留缝或将阳角两侧砖边磨成 45°角后对接。

c. 横缝要与窗台齐平。

d. 墙体变形缝处，面砖宜从缝两侧分别排列，留出变形缝。

e. 外墙饰面砖粘贴应设置伸缩缝，竖向伸缩缝宜设置在洞口两侧或与墙边、柱边对应的部位，横向伸缩缝可设置在洞口上下或与楼层对应处，伸缩缝应采用柔性防水材料嵌缝。

f. 对于女儿墙、窗台、檐口、腰线等水平阳角处，顶面砖应压盖立面砖，立面底皮砖应封盖底平面面砖，可下凸 3～5mm 兼作滴水线，底平面面砖向内适当翘起以便于滴水。

（2）基层处理

① 建筑结构墙柱体基层，应有足够的强度、刚度和稳定性，基层表面应无疏松层、无灰浆、浮土和污垢，清扫干净。抹灰打底前应对基层进行处理，不同的基层要采取不同的方法。

a. 对于混凝土基层，多采用水泥细砂浆掺界面剂进行"毛化"处理，凿毛或涂刷界面处理剂，以利于基层与底灰的结合及饰面板的黏结。即先将表面灰浆、尘土、污垢油污清刷干净，表面晾干。混凝土表面凸出的部位应剔平，然后浇水湿润，墙柱体浇水的渗水深度以 8～10mm 为宜，可剔凿混凝土表面进行抽查确认。然后用 1∶1 水泥砂浆内掺界面剂，喷或甩到墙上，其甩点要均匀，毛刺长度不宜大于 8mm，终凝后喷水养护，直至水泥砂浆毛刺有较高的强度（用手掰不动）。如混凝土基层不需抹灰时，对于缺棱掉角和凹凸不平处可先刷掺界面剂的水泥浆，后用 1∶3 水泥砂浆或水泥腻子修补平整。

b. 加气混凝土、混凝土空心砌块等基层，要在清理、修补、涂刷聚合物水泥后铺钉一层金属网，以增加基层与找平层及黏结层之间的附着力。不同材质墙面的交接处或后塞的洞口处均应铺钉金属网防止开裂，缝两侧搭接长度不小于 100mm。

墙面挂网工艺

扫码观看视频

c. 砖墙基层，要将墙面残余砂浆清理干净。

② 基层清理后应浇水湿润，但粘贴前基层含水率以 15%～25% 为宜。

（3）施工放线、吊垂直、套方、找规矩、贴灰饼　在建筑物大角、门窗口边、通天柱及埭子处用经纬仪打垂直线，并将其作为竖向控制线；把楼层水平线引到外墙作为横向控制线（图4-2）。以墙面修补抹灰最少为原则，根据面砖的规格尺寸分层设点、做灰饼，间距不宜超过1.5m，阴阳角处要双面找直，同时要注意找好女儿墙顶、窗台、檐口、腰线、雨篷等饰面的流水坡度和滴水线。

（4）**打底灰、抹找平层**　抹底灰前，先将基层表面润湿，刷界面剂或素水泥浆一道，随刷随打底，然后分层抹找平层。找平层采用质量比1∶3或1∶2.5的水泥砂浆，为了改善砂浆的和易性可适当掺外加剂。抹底灰时应用力抹，让砂浆挤入基层缝隙中使其黏结牢固。找平层的每层抹灰厚度约12mm，分层抹灰直到粘贴面层，表面用木抹子搓平，终凝后浇水养护。找平层（图4-3）总厚度宜为15～25mm，如抹灰层局部厚度大于或等于35mm时应设加强网。表面平整度最大允许偏差为±3mm，立面垂直度最大允许偏差为±4mm。

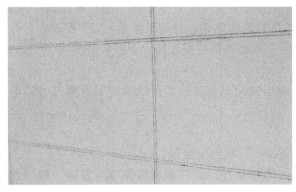
图4-2　外墙弹线

图4-3　找平层抹灰施工

（5）**排砖、分格、弹线**　找平层养护至六七成干时，可按照排砖深化设计图及施工样板在其上分段分格弹出控制线并做好标记。如现场情况与排砖设计不符，则可酌情进行微调。外墙面砖粘贴时每面除弹纵横线外，每条纵线宜挂铅线，铅线略高于面砖1mm。贴砖时，砖里边线对准弹线，外侧边线对准铅线，四周全部对线后，再将砖压实固定。

（6）**浸砖**　将已挑选好的饰面砖放入净水中浸泡2h以上，并清洗干净，取出后晾干表面水分后方可使用（通体面砖不用浸泡）。

（7）**粘贴饰面砖**

① 外墙饰面砖宜分段由上至下施工，每段内应由下向上粘贴（图4-4）。粘贴时饰面砖黏结层厚度一般为：1∶2水泥砂浆4～8mm厚；1∶1水泥砂浆3～4mm厚；其他化学黏合剂2～3mm厚。面砖卧灰应饱满，以免形成渗水通道，并在受冻后造成外墙饰面砖空鼓开裂。

② 先固定好靠尺板，贴最下第一皮砖，面砖贴上后用灰铲柄轻轻敲击砖面使之附线，轻敲表面固定；用开刀调整竖缝，用小杠尺通过标准点调整平整度和垂直度，用靠尺随时找平、找方；在黏结层初凝前，可调整面砖的位置和接缝宽度，初凝后严禁振动或移动面砖。

③ 砖缝宽度可用自制米厘条控制，如符合模数也可采用标准成品缝卡。

④ 墙面凸出的卡件、水管或线盒处，宜采用整砖套割后套贴，套割缝口要小，圆孔宜采用专用开孔器来处理，不得采用非整砖拼凑镶贴。

⑤ 粘贴施工时，当室外气温大于35℃，应采取遮阳措施。

（8）**勾缝**　黏结层终凝后，可按样板墙确定的勾缝形式、勾缝材料及颜色进行勾缝，勾缝材料的配合比及掺矿物辅料的比例要指定专人负责控制。勾缝要根据缝的形式使用专用工具；勾缝宜先勾水平缝再勾竖缝，纵横交叉处要过渡自然，不能有明显痕迹（图 4-5）。缝要在一个水平面上，连续、平直、深浅一致、表面压光。采用成品勾缝材料的应按产品说明书操作。

图 4-4　外墙饰面砖粘贴

图 4-5　勾缝施工

（9）**清理表面**　勾缝时，应随勾随用棉纱蘸清水擦净砖面。勾缝后，常温下经过 3d 即可清洗残留在砖面的污垢。

4. 施工总结

① 饰面砖镶贴时环境温度不得低于 5℃，且砂浆的使用温度不应低于 5℃，以免砂浆受冻造成空鼓、脱落等质量问题。

② 找平层、结合层、黏结层、勾缝材料、矿物辅料等的施工配合比确定后，施工中要严格执行；且严禁在同一施工面上采用几种不同的配合比，以免造成色差等质量问题；勾缝用水泥、砂子、矿物辅料按要求统一备足，避免产生颜色不一致的问题。

③ 找平层、结合层、黏结层各层的施工时间要拉开间隔，养护要及时。饰面砖黏结层要饱满，勾缝必须严密，以免渗水造成空鼓、脱落。

④ 加强对基层打底工作的检查，根据结构尺寸的偏差认真分层抹好基层，保证基层平整度，以免造成墙面不平。

⑤ 施工前认真选砖，剔除规格尺寸偏差超标的饰面砖，贴砖时严格按照排砖图进行粘贴并根据结构的实际情况及时进行调整。分段分块弹线要细致，以免出现砖缝不匀、不直的质量通病。

⑥ 砖缝处理完毕后要及时擦净饰面砖表面，以免砂浆或其他污物渗入砖内，难以清除。

⑦ 外墙饰面砖粘贴的允许偏差和检验方法应符合表 4-1 的规定。

表 4-1　外墙饰面砖粘贴的允许偏差和检验方法

项目	允许偏差/mm	检验方法
立面垂直度	3	用 2m 垂直检测尺检查
表面平整度	4	用 2m 靠尺、塞尺检查
阴阳角方正	3	直角检测尺、塞尺检查
接缝直线度	3	用 5m 线，不足 5m 拉通线，用钢直尺检查
接缝高低差	1	用钢直尺、塞尺检查
接缝宽度差	1	用钢直尺检查

注：如采用的是凹凸面的面砖，则表面平整度不作要求。

二、内墙面贴面砖

1. 施工现场图

内墙面贴面砖施工现场见图 4-6。

内墙砖铺贴工艺

扫码观看视频

图 4-6 内墙面贴面砖施工现场

2. 注意事项

① 饰面砖的品种、规格、图案、颜色和性能应符合设计要求。

② 饰面砖粘贴工程的找平、防水、黏结和勾缝材料及施工方法应符合设计要求、国家产品标准及施工规范的规定。

③ 饰面砖表面应平整、洁净、色泽一致，无裂痕和缺损。

④ 阴阳角处搭接方式、非整砖留设位置应合理并符合设计要求。

⑤ 墙面凸出物周围的饰面砖应整砖套割吻合，边缘应整齐。墙裙、贴脸等上口平直，出墙厚度一致。

⑥ 饰面砖接缝应平直、光滑，填嵌应连续、密实；宽度、深度及颜色应符合设计要求。

⑦ 有排水要求的部位流水坡向应正确，坡度应符合设计要求。

3. 施工做法详解

工艺流程

基层处理→吊垂直、套方、找规矩、贴灰饼→打底灰、抹找平层→弹线、排砖→浸砖→粘贴饰面砖→勾缝与擦缝→清理表面。

（1）基层处理

① 建筑结构墙柱体基层，应有足够的强度、刚度和稳定性。基层表面应无疏松层，无灰浆、浮土和污垢，清扫干净。抹灰打底前应对基层进行处理，不同基层的处理方法不同。

② 对于混凝土基层，要先进行"毛化"处理，凿毛或涂刷界面处理剂，以利于基层与底灰的结合及饰面板的黏结。即先将表面灰浆、尘土、污垢、油污清刷干净，表面晾干。混凝土表面凸出的部位应剔平，然后浇水湿润，墙柱体浇水的渗水深度以 8～10mm 为宜，可剔凿混凝土表面进行抽查确认。然后用 1：1 水泥砂浆内掺界面剂，喷或甩到墙上，其甩点要均匀，毛刺长度不宜大于 8mm，终凝后喷水养护，直至水泥砂浆毛刺有较高的强度（用手掰不动）。

③ 加气混凝土、混凝土空心砌块等基层，应对松动、灰浆不饱满的砖缝及梁、板下的

顶头缝，用聚合物水泥砂浆填塞密实。将凸出墙面的灰浆刮净，凸出墙面不平整的部位剔凿；坑洼不平、缺棱掉角及设备管线槽、洞、孔用聚合物水泥砂浆修整密实、平顺。要在清理、修补、涂刷聚合物水泥后铺钉一层金属网，以增加基层与找平层及黏结层之间的附着力。不同材质墙面的交接处或后塞的洞口处均应铺钉金属网防止开裂，缝两侧搭接长度不小于100mm。

④ 砖墙基层，要将墙面残余砂浆清理干净。

⑤ 基层清理后应浇水湿润，抹灰前基层含水率以15％～25％为宜。

⑥ 对于不适合直接粘贴面砖的基层，应与设计单位研究确定处理措施。

（2）吊垂直、套方、找规矩、贴灰饼　根据水平基准线，分别在门口、拐角等处吊垂直、套方、贴灰饼（图4-7）。根据面砖的规格尺寸分层设点、做灰饼，间距不宜超过1.5m，阴阳角处要双面找直。

（3）打底灰、抹找平层

① 洒水湿润。抹底灰前，先将基层表面分遍浇水。特别是加气混凝土吸水速度先快后慢，吸水量大而延续时间长，故应增加浇水的次数，使抹灰层有良好的凝结硬化条件，不致让水分在砂浆的硬化过程中被加气混凝土吸走。浇水量以水分渗入加气混凝土墙深度8～10mm为宜，且浇水宜在抹灰前一天进行。遇风干天气，抹灰时墙面如干燥不湿，应再喷洒一遍水，但抹灰时墙面应不显浮水，以利砂浆强度增长，不出现空鼓、裂缝现象。

② 抹底层砂浆（图4-8）。基层为混凝土、砖墙墙面，浇水充分湿润墙面后的第二天抹1∶3水泥砂浆，每遍厚度5～7mm，应分层分遍与灰饼齐平，并用大杠刮平找直，木抹子搓毛。基层为加气混凝土墙体，在刷好聚合物水泥浆以后应及时抹灰，不得在水泥浆风干后再抹灰，否则，容易形成隔离层，不利于砂浆与基层的黏结。抹灰时不要将灰饼破坏。底灰材料应选择与加气混凝土材料相适应的混合砂浆，如水泥∶石灰膏（粉煤灰）∶砂配比为1∶0.5∶（5～6），厚度5mm，扫毛或划出纹线。然后用1∶3水泥砂浆（厚度为5～8mm）抹第二遍，用大杠将抹灰面刮平，表面压光。用吊线板检查，要求垂直平整，阴角方正，顶板（梁）与墙面交角顺直，管后阴角顺直、平整、洁净。

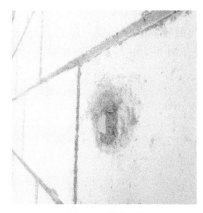

图4-7　贴灰饼

图4-8　抹底层砂浆

③ 加强措施。如抹灰层局部厚度大于或等于35mm时，应按照设计要求采用加强网进行加强处理，以保证抹灰层与基体黏结牢固。不同材料墙体相交接部位的抹灰，应采用加强网进行防开裂处理，加强网与两侧墙体的搭接宽度不应小于100mm。

④ 当作业环境过于干燥且工程质量要求较高时，加气混凝土墙面抹灰后可采用防裂剂。底子灰抹完后，立即用喷雾器将防裂剂直接喷洒在底子灰上，防裂剂以雾状喷出，以使喷洒均匀，不应漏喷，不宜过量，不宜过于集中。操作时喷嘴倾斜向上仰，与墙面的距离以确保喷洒均匀适度，又不致将灰层冲坏为宜。防裂剂喷撒 2～3h 内不要搓动，以免破坏防裂层表层。

（4）**弹线、排砖** 找平层养护至六七成干时，可按照排砖设计或样板墙，在墙上分段、分格弹出控制线并做好标记。根据设计图纸或排砖设计进行横竖向排砖（图 4-9），阳角和门窗洞口边宜排整砖，非整砖应排在次要部位，且横竖均不得有小于 1/2 的非整砖。非整砖行应排在次要部位，如门窗上或阴角不明显处等。但要注意整个墙面的一致和对称。如遇有凸出的管线设备卡件，应用整砖套割吻合，不得用非整砖随意拼凑镶贴。

用碎饰面砖贴标准点，用做灰饼的混合砂浆贴在墙面上，用以控制贴饰面砖的表面平整度。垫底尺计算准确最下一皮砖下口标高，以此为依据放好底尺，要水平、安稳。

（5）**浸砖**（图 4-10） 挑选颜色、尺寸一致的砖，变形、缺棱掉角的砖挑出不用，好的饰面砖放入净水中浸泡 2h 以上，并清洗干净，取出晾干表面水分后方可使用（通体面砖不用浸泡）。

图 4-9 排砖

图 4-10 浸砖

（6）**粘贴饰面砖**

① 内墙饰面砖应由下向上粘贴（图 4-11）。粘贴时饰面砖黏结层厚度一般为：1:2 水泥砂浆 4～8mm 厚；1:1 水泥砂浆 3～4mm 厚；其他化学黏合剂 2～3mm 厚。面砖卧灰应饱满。

图 4-11 内墙饰面砖施工

② 先固定好靠尺板，贴最下第一皮砖，面砖贴上后用灰铲柄轻轻敲击砖面使之附线，轻敲表面固定；用开刀调整竖缝，用小杠尺通过标准点调整平整度和垂直度，用靠尺随时找平、找方；在黏结层初凝前，可调整面砖的位置和接缝宽度，初凝后严禁振动或移动面砖。

③ 砖缝宽度应按设计要求，可用自制米厘条控制，如符合模数也可采用标准成品缝卡。

④ 墙面凸出的卡件、水管或线盒处，宜采用整砖套割后套贴，套割缝口要小，圆孔宜采用专用开孔器来处理，不得采用非整砖拼凑镶贴。

（7）**勾缝与擦缝** 待饰面砖的黏结层终凝后，按设计要求或样板墙确定的勾缝形式、勾缝材料及颜色进行勾缝（图 4-12），也可用专用勾缝剂或白水泥擦缝。

（8）**清理表面** 勾缝时，应随勾缝随用布或棉纱擦净砖面。勾缝后，常温下经过 3d 即可清洗残留在砖面的污垢，一般可用布或棉纱蘸清水擦洗清理。

图 4-12　勾缝

4. 施工总结

① 找平层、结合层、黏结层、勾缝材料、矿物辅料等的施工配合比确定后，施工中要严格执行。

② 找平层、结合层、黏结层各层的施工时间要拉开间隔，养护要及时。饰面砖黏结层要饱满，勾缝必须严密，以免渗水造成空鼓、脱落。

③ 加强对基层打底工作的检查，根据结构尺寸的偏差认真分层抹好基层，保证基层平整度，以免造成墙面不平。

④ 施工前认真选砖，剔除规格尺寸偏差超标的饰面砖，贴砖时严格按照排砖图进行粘贴并根据结构的实际情况及时进行调整。分段分块弹线要细致，以免出现砖缝不匀、不直的质量通病。

⑤ 砖缝处理完毕后要及时擦净饰面砖表面，以免砂浆或其他污物渗入砖内，难以清除。

⑥ 内墙饰面砖粘贴的允许偏差和检验方法应符合表 4-2 的规定。

表 4-2　内墙饰面砖粘贴的允许偏差和检验方法

项目	允许偏差/mm	检验方法
立面垂直度	2	用 2m 垂直检测尺检查
表面平整度	3	用 2m 靠尺、塞尺检查
阴阳角方正	3	直角检测尺、塞尺检查
接缝直线度	2	用 5m 线，不足 5m 拉通线，用钢直尺检查
接缝高低差	0.5	用钢直尺、塞尺检查
接缝宽度差	1	用钢直尺检查

注：如采用的是凹凸面的面砖，则表面平整度不作要求。

三、外墙面贴陶瓷锦砖

1. 施工现场图

外墙面贴陶瓷锦砖施工现场见图 4-13。

图 4-13   外墙面贴陶瓷锦砖施工现场

2.注意事项

① 镶贴好的陶瓷锦砖墙面，应有切实可靠的防止污染的措施；同时要及时清擦干净残留在门窗框、扇上的砂浆。特别是铝合金门窗框、扇，事先应粘贴好保护膜，预防污染。

② 各抹灰层在凝结前应防止风干、曝晒、水冲、撞击和振动。

③ 操作前检查脚手架和跳板是否搭设牢固，高度是否满足操作要求，合格后才能上架操作，凡不符合安全之处应及时改正。

④ 禁止穿硬底鞋、拖鞋、高跟鞋在架子上工作，架子上不得集中堆放重物，工具要搁置稳定，以防坠落伤人。

⑤ 在两层脚手架上操作时，应尽量避免在同一条垂直线上工作。必须同时作业时，对下层操作人员应设置防护措施。

⑥ 少数工种（水电、通风、设备安装等）的施工应在陶瓷锦砖镶贴之前完成，防止损坏面砖。

⑦ 拆除架子时注意不要碰撞墙面。

⑧ 脚手架必须按施工方案搭设，出入口应搭设安全通道。对施工中可能发生碰损的入口、通道、阳角等部位，应采取临时保护措施。

3.施工做法详解

【工艺流程】 >>>>> ....

基层处理→吊垂直、套方、找规矩、贴灰饼、冲筋→打底层灰→弹控制线→抹黏结层→贴陶瓷锦砖→揭纸→勾缝（擦缝）。

（1）**基层处理**   先将凸出墙面的混凝土凿平，采用大钢模板施工的混凝土墙面应凿毛，并用钢丝刷通刷一遍，清干净灰渣，浇水湿润。若混凝土表面很光，可采取"毛化处理"的方法，即将混凝土表面灰尘、污垢清理干净，用10%火碱水将墙面的油污刷掉，随后用清水将碱液冲干净，晾干。然后用1：1水泥细砂浆内掺水重20%的108胶，用喷或用笤帚将砂浆喷甩到墙面上，其喷甩要均匀，终凝后洒水养护，直至水泥砂浆点或疙瘩牢固地粘在混凝土表面为止。

（2）**吊垂直、套方、找规矩、贴灰饼、冲筋**   根据混凝土墙面的平整度找出贴陶瓷锦砖的规矩，对高层建筑物的外墙面，应在四周大角和门窗口边用经纬仪上下打垂直线找直；对多层建筑物的外墙面，可从顶层开始用特制的大线坠绷钢丝吊垂直，然后按照陶瓷锦砖的规格、尺寸分层设点,做灰饼。水平线则以楼层为水平基准线进行交圈控制,每层打底时应以此灰饼为基准点进行冲筋,使其底层横平竖直、方正。同时要注意找好凸出檐口、腰线、窗台、雨篷等处饰面的流水坡度和滴水线(槽),其深度、宽度不小于10mm,并整齐一致,而且必须是整砖。

(3) **打底层灰** 底层灰(图4-14)厚10~12mm,一般分两次抹成,先刷一道掺水重15%的108胶的素水泥砂浆,紧跟着抹头遍水泥砂浆,其配合比为1:2.5或1:3,并掺水泥重20%的108胶,薄薄抹一层(4~6mm),用抹子压实抹平,用木杠刮平,低凹处应事先填平补齐,最后用木抹子搓毛,待24h后,浇水养护。

(4) **弹控制线** 贴陶瓷锦砖前按设计要求和陶瓷锦砖的每张规格弹出分格线及放出施工大样,根据墙面的高度弹出若干条水平控制线,在弹水平线时,应计算陶瓷锦砖的块数,使两线之间保持整砖数。若分格需按总高度均分,可根据设计和陶瓷锦砖品种、规格定出缝子宽度,再加工分格条。但分格条排列力求整联,同一墙面不得有一排以上的非整砖,并应将其镶贴在较隐蔽的部位。分格缝宽度可作为尺寸调节。

(5) **抹黏结层** 抹前应洒水湿润墙面,跟着刷一道掺水重10%的108胶的素水泥浆,然后抹2~3mm厚的混合灰黏结层,配合比为纸筋:石灰膏:水泥为1:1:2(先把纸筋与石灰膏搅匀过3mm孔筛子,再和水泥搅匀),也可采用1:0.3的水泥纸筋灰或1:1水泥砂浆内掺水泥重5%的108胶,用靠尺板刮平,再用抹子抹平。

(6) **贴陶瓷锦砖** 操作时应自上而下进行镶贴(图4-15)。高层楼房应采取措施后,可分段进行。在每一分段或分块内陶瓷锦砖镶砖顺序均为自下而上进行。粘贴时,底层应浇水湿润,并在弹好水平线的下口支垫尺,一般三人为一组进行操作,一人在前抹黏结层,另一人将陶瓷锦砖铺在木托板上(麻面朝上),缝子里灌上1:1水泥细砂浆,用软毛刷子刷净麻面,再抹上薄薄一层灰浆,然后一张张送给第三个人,第三个人将四边灰刮掉,两手执住陶瓷锦砖上面,在支好的垫尺上由下往上贴,缝子对齐,要注意按已弹好的横竖线粘贴,粘贴后用木锤敲击一遍使其黏实。如分格贴完一组,将米厘条放在上口线继续贴第二组。

图4-14 底层灰施工现场

图4-15 贴陶瓷锦砖

(7) **揭纸** 待灰浆初凝后,用软毛刷蘸水刷护纸湿透,20~30min后便可揭纸。然后检查缝口,不正者用开刀拨匀,垫木板轻轻敲平,脱落者及时补上,随后用刷子带水将缝里的砂子刷出,用水冲洗,稍干后用棉丝擦净。

(8) **勾缝(擦缝)** 粘贴后48h,起出分格条,用1:1水泥砂浆勾缝,其他小缝用抹子把近似陶瓷锦砖颜色的水泥摊放在需擦缝的陶瓷锦砖表面上,然后用刮板将水泥往小缝里刮满、刮实、刮严，再用棉丝擦布将表面擦干净，小缝里的浮砂可用潮湿干净的软毛刷轻轻带出，如表面有严重污染的，可用稀盐酸刷洗、清水冲净。

4. **施工总结**

① 打底子灰时，应按规矩去吊直、套方、找规矩，以保证阴阳角方正。

② 防止陶瓷锦砖饰面污染：粘贴陶瓷锦砖勾完缝时，应及时擦净残留在表面的砂浆，如由于其他工种和工序造成饰面污染，可用棉丝蘸稀盐酸刷洗，然后用清水冲净。

③ 贴陶瓷锦砖允许偏差及检验方法详见表 4-3。

表 4-3 贴陶瓷锦砖允许偏差及检验方法

项目		允许偏差/mm	检验方法
立面垂直度	室内	2	用 2m 拖线板和尺量检查
	室外	3	
表面平整度		2	用 2m 靠尺和楔形塞尺检查
阴阳角方正		2	用 20cm 方尺和楔形塞尺检查
接缝直线度		2	拉 5m 小线，不足 5m 拉通线和尺量检查
墙裙上口直线度		2	拉 5m 小线，不足 5m 拉通线和尺量检查
接缝高低差	室内	0.5	用钢板短尺和楔形塞尺检查
	室外	1	
接缝宽度		0.5	用尺检查

四、外墙面贴玻璃陶瓷锦砖

1. **施工现场图**

外墙面贴玻璃陶瓷锦砖实例见图 4-16。

图 4-16　外墙面贴玻璃陶瓷锦砖实例

2. **注意事项**

① 抹黏结层水泥浆的水灰比不宜太大，因玻璃陶瓷锦砖吸水性差，多余的水分不能被基体吸收，则易造成空鼓。经验水灰比应控制在 0.32 左右。

② 黏结层用的白水泥，必须符合设计和规范的质量标准要求，并不得在白水泥中掺入滑石粉，或用石灰代替白水泥。

3. 施工做法详解

玻璃陶瓷锦砖施工工艺与陶瓷锦砖基本相同，但由于二者材质和外形上均有区别，因此在粘贴玻璃陶瓷锦砖时，要采取相应的技术措施，以取得良好的装饰效果。

① 玻璃陶瓷锦砖表面光亮，对于底层的平整度要求高，否则反射的光泽很零乱，会影响美观。

② 底层砂浆颜色应均匀一致，否则由于玻璃陶瓷锦砖呈半透明，反射出深浅不一致的颜色，影响装饰效果。若用浅色玻璃锦砖，宜用白水泥粘贴。

③ 玻璃陶瓷锦砖粘贴有凹槽，且四边呈锥面，在抹黏结灰浆时，要求不仅沿纵方向刮浆，同时要斜向刮，确保粒与粒之间灰缝饱满，凹槽中灰浆饱满，增强黏结力。

④ 玻璃陶瓷锦砖底边呈锥面，黏结不宜用铁皮拨动校正，多拨会掉料，因此要求整联进行校正对缝。

⑤ 玻璃陶瓷锦砖的护纸遇水脱胶快，揭纸方便，一般在 10～25℃气温下拍平后隔 2h 左右可洒水，洒水后 10～15min 就可揭纸。

⑥ 玻璃陶瓷锦砖表面呈结晶体毛面，擦缝时，应仅在缝口仔细擦浆，不能在表面满涂满刮，否则水泥浆会填满晶体毛面而失去应有的光泽。

4. 施工总结

① 玻璃陶瓷锦砖在运输时，应避免日晒、雨淋、受潮和剧烈振动，搬运时应轻拿轻放。堆放时也应注意防雨、防潮，室内要保持干燥，堆箱要离地面堆码，不要堆得过多，不同规格及等级的产品按级别堆放。

② 窗台外侧的玻璃陶瓷锦砖表面，应略低于窗框下沿，最好将玻璃陶瓷砖塞进窗框一点，缝隙再用水泥浆勾密实。窗台坡向向下，不得反坡。

③ 玻璃陶瓷锦砖施工中，清洗是最重要的一道工序，因玻璃陶瓷锦砖表面较粗糙，若清理不干净，干了以后水泥浆显出颜色，使玻璃锦砖表面非常脏。干了再清洗难度很大，其效果也不好。

五、外墙面贴大理石（花岗石）板、预制水磨石板饰面

1. 施工现场图

外墙面贴大理石板施工现场见图 4-17。

图 4-17　外墙面贴大理石板施工现场

2. **注意事项**

① 大理石板或磨光花岗石、预制水磨石板柱面、门窗套等安装完毕，应对所有面层的阳角及时用木板保护，并要及时擦干净残留在门窗框、扇的砂浆。对于铝合金门窗框、扇，应事先粘贴好保护膜，预防污染。

② 大理石板或磨光花岗石板、预制水磨石板墙面镶贴（安装）完后，在有污染或易被污染的地方，应及时贴纸或用塑料薄膜保护，以保证墙面不被污染。

③ 饰面的结合层在凝结前，应搭设防止风干、曝晒、水冲、撞击和振动等的保护措施。

④ 拆除架子时，应轻拿轻放，前后照看，注意不要碰撞饰面。

3. **施工做法详解**

(1) **边长小于40cm、厚度10mm以下的薄型小规格块材**

① 基层处理、吊垂直、套方、找规矩等详见"外墙面贴面砖"的施工操作工艺有关部分。但要注意同一墙面不得有一排以上的非整砖（块），并将其镶贴在较隐蔽的部位。

② 洒水湿润基层，然后涂108胶素水泥浆一道（内掺水重10%的108胶），随刷随跟着打底，底灰采用1:3水泥砂浆，厚度约12mm，分两遍操作，第一遍约5mm，第二遍约7mm，压实刮平使表面平整，并将表面划毛或搓毛。

③ 待底子灰凝固后进行分块弹线，随即将已湿润的块材抹上厚度为2～3mm的素水泥浆（内掺水重20%的108胶）进行镶贴，用木锤轻轻敲，用靠尺找平找直。

(2) **边长大于40cm、厚度20mm以上，镶贴高度超过1m**

① 钻孔、剔槽。安装前先将饰面板按照设计要求用台钻钻眼，钻眼前应将板材固定在事先钉做好的木架子上，使钻头直对板材上端面，孔径为5mm，深度为12mm，孔位距石板背面以8mm为宜（指孔中心），如大理石板或预制水磨石板、磨光花岗石板，板材宽度较大时，可以增加孔数。钻孔后用金刚石錾子把石板背面的孔壁轻轻剔一道槽，深5mm左右，连同孔眼形成牛鼻眼，以备埋卧铜丝之用。

板的固定采用防锈金属绑扎。大规格的板材，中间还必须增加锚固点，特别是预制水磨石板和磨光花岗石板，如果下端不好拴绑镀锌铅丝或铜丝时，可在未镶贴饰面板的一侧，用手提轻便小薄砂轮（4～5mm），按规定在板高的1/4处上、下各开一槽（槽长3～4cm，槽深12mm，与饰面板背面打通，竖槽一般在中间位置，也可偏外，但以不损坏外饰面和不反碱为宜），将镀锌铅丝或铜丝卧入槽内，便可拴绑于钢筋网（钢筋直径为$\phi6$）固定。

② 放镀锌铅丝或铜丝。将铜丝或镀锌铅丝剪成长20cm左右，一端用木楔子粘环氧树脂将镀锌铅丝或铜丝楔进孔内固定牢固，另一端镀锌铅丝或铜丝顺槽弯曲并卧入槽内，使大理石、磨光花岗石或水磨石石板上、下端面没有铜丝、镀锌铅丝凸出，以保证相邻石板接缝严密。

③ 绑扎钢筋网。具体做法是把墙面镶贴大理石板或磨光花岗石、水磨石石板的部位清理干净，剔出预埋在墙里的钢筋头，焊接或绑扎直径为6mm的钢筋网片。先焊接竖向筋，并用预埋筋弯压于墙面；后焊接横向筋，是为绑扎大理石或花岗石、水磨石板所用。如果板材高度为60cm时，第一道横筋在地面以上10cm处与竖筋绑扎牢固，用来绑扎第一层板材的下口固定铜丝或镀锌铅丝；第二道绑在50cm水平线上7～8cm，比石板上口低2～3cm处，用来绑扎第一层石板上口固定铜丝或镀锌铅丝，再往上每60cm绑扎一道横筋即可。

④ 试拼。饰面板材应颜色一致，无明显色差，经精心预排试拼，并对进场大理石或磨光花岗石、水磨石材颜色的深浅应分别进行编号，使相邻板材颜色相近，无明显色差，纹路

相对应，形成美丽图案。

⑤ 弹线。将墙面、柱面和门窗套用大线坠从上至下吊垂直（高层应用经纬仪找垂直）。应考虑大理石板或磨光花岗石、预制水磨石板材的厚度、灌注砂浆的空隙和钢筋网所占尺寸，一般大理石板或磨光花岗石、预制水磨石板外皮距结构面的厚度应以 5～7cm 为宜。找出垂直后，在地面上顺墙弹出大理石板或预制水磨石板的安装基准线。编好号的大理石板材在弹好的基准线上画出就位线，每块留 1mm 缝隙（如设计要求拉开缝，则按设计规定留出缝隙）。

⑥ 安装固定。大理石板或磨光花岗石、预制水磨石板安装固定（图 4-18）是按部位取石板将其就位，石板上口外仰，右手伸入石板背面，把石板下口铜丝或镀锌铅丝绑扎在横筋上。绑时不要太紧，只要把铜丝、镀锌铅丝和横筋拴牢就可以（灌浆后便会锚固）；把石板竖起，便可绑石板上口铜丝或镀锌铅丝，并用木楔垫稳，石板与基层间的缝隙一般为 30～50mm（灌浆厚度）。用靠尺检

图 4-18　大理石板固定

查调整木楔，达到质量标准再拴紧铜丝或镀锌铅丝，依次向另一方进行。

柱面按顺时针方向安装，一般先从正面开始。第一层安装固定完毕再用靠尺板找垂直，水平尺找平整，方尺找阴阳角方正，在安装石板时如发现石板规格不准确或石板之间缝隙不符，应用铅皮垫牢，使石板之间缝隙均匀一致，并保持第一层石板上口的平直。找完垂直、平整、方正后，调制熟石膏，并把调成粥状的石膏贴在大理石板（或磨光花岗石、预制水磨石板）上下之间，使这两层石板黏结成一整体，木楔处也可粘贴石膏，再用靠尺检查有无变形，待石膏硬化后方可灌浆（如设计有嵌缝塑料、软管时，应在灌浆前塞放好）。

⑦ 灌浆。大理石板（或磨光花岗石、预制水磨石板）墙面防空鼓是关键。施工时应充分湿润基层，所灌砂浆配合比为 1:2.5 的水泥砂浆，放入桶中加水调成粥状（稠度一般为8～12cm），用铁簸箕舀浆徐徐倒入，注意不要碰大理石板（或磨光花岗石等石板），边灌边用橡皮锤轻轻敲击石板面或用短钢筋轻捣，使灌入砂浆排气。灌浆应分层分批进行。第一层浇灌高度为 15cm，不能超过石板高度的 1/3；第一层灌浆很主要，因要锚固石板的下口铜丝又要固定石板，所以应轻轻地小心操作，防止碰撞和猛灌。如发现石板外移错动，应立即拆除重新安装，第一层灌浆后待 1～2h 等砂浆初凝，应检查一下是否有移动，再灌第二层（灌浆高度一般为 20～30cm），待初凝后再灌第三层，第三层灌浆至低于板上口 5～10cm 处为止。但必须注意防止临时固定石板用的石膏块掉入砂浆内，避免因石膏膨胀导致外墙面泛白、泛浆。

⑧ 擦缝。板材安装前宜在其板背面刮一道素水泥浆（内掺水泥重 5% 的 108 胶），这样在板材背面形成一道防水层，防止雨水渗入板内。石板安装完毕后，缝隙必须在擦缝前清理干净，尤其注意固定石板的石膏渣不得留在缝隙内，然后用与板色相同的颜色调制纯水泥浆擦缝，使缝隙密实、干净、颜色一致。也可在缝隙两边的板面上先粘贴一层胶带纸，用密封胶嵌板缝隙，扯掉胶带纸后形成一道凸出板面 1mm 的密封胶线缝，使缝隙既美观又防水。

⑨ 柱子贴面。安装柱面大理石板（或磨光花岗石、预制水磨石板），其基层处理、弹线、钻眼、绑扎钢筋和安装等施工工序流程与镶贴墙面方法相同。但要注意灌浆前用木方钉成槽形木卡子，双面卡住石板，以防止灌浆时大理石板或磨光花岗石、预制水磨石板外胀。

⑩ 清理墙面。大理石板（或磨光花岗石、预制水磨石板）安装完要进行清理，由于板面存有很多肉眼看不见的小孔，如果水泥浆污染其表面，时间一长就不易清理掉，会形成灰白色的色斑，应用酸洗去后用清水充分冲洗干净，以达到美观的效果。

4. 施工总结

施工中易遇到的问题及可能产生的原因如下。

① 空鼓：灌浆要饱满密实，以防空鼓。灌浆时如砂浆稠度大，砂浆不易流动或因钢筋网阻挡造成该处不实而空鼓；如砂浆过稀，易漏浆或因水分蒸发而形成空隙空鼓；另外在清理石膏时，剔凿用力过大，使板材振动而空鼓；或养护不够，脱水过早，也会产生空鼓。因此施工时应注意这些不利因素，以防空鼓。

② 接缝不平，高低差过大：主要是没有处理好基层，没有严格挑选板材，没有认真试拼，施工操作不精心细致或分层次灌浆过高等，这就易造成板块外移或板面错动，致使接缝不平，高低差过大。因此操作者必须严把各道程序质量，使接缝平直。

③ 裂缝：质量较差的大理石板色纹多，当镶贴部位不当，墙面上下空隙留得较少，常受到各种外力影响，在色纹暗缝或其他隐伤等处产生不规则开裂裂缝。

在镶贴（安装）墙面、柱面时，上下空隙较小，结构受压变形，使饰面的石板受到垂直方向压力而开裂，施工时应待墙、柱等承重结构沉降稳定后进行。尤其在顶部和底部，安装板时，应留有一定缝隙，以防结构压缩使饰面石板直接承受压力而裂开。

④ 防止墙面碰坏、污染：石板材在搬运和操作过程中，严防被砂浆污染。对安装完后的饰面应加强保护，对有污染的饰面及时擦净。此外，还应防止酸碱类化学物品、有色液体等接触石板面而造成污染。

⑤ 大面积镶贴室外墙面湿作业时，应建议设计要考虑和设置变形缝（如分格法或拉开板缝法等），严防由于热胀冷缩产生裂缝和块材脱落，并做好预防返碱等措施，以保证饰面美观。

⑥ 大理石板、磨光花岗石板、预制水磨石板饰面安装允许偏差及检验方法见表4-4。

表4-4 大理石板、磨光花岗石板、预制水磨石板饰面安装允许偏差及检验方法

项目		允许偏差/mm		检查方法
		大理石板、磨光花岗石板	预制水磨石板	
立面垂直度	室内	2	2	用2m拖线板和尺量检查
	室外	3	3	
表面平整度		1	2	用2m靠尺和楔形塞尺检查
阴阳角方正		2	2	用20cm方尺和楔形塞尺检查
接缝直线度		2	3	拉5m小线,不足5m拉通线和尺量检查
墙裙上口直线度		2	2	拉5m小线,不足5m拉通线和尺量检查
接缝高低差		0.3	0.5	用1m钢板短尺和楔形塞尺检查
接缝宽度		0.5	0.5	用尺检查

六、饰面石材干挂法施工

1. 施工现场图

饰面石材干挂法施工现场见图 4-19。

饰面石材干挂施工

扫码观看视频

图 4-19　饰面石材干挂法施工现场

2. 注意事项

① 饰面石板的品种、防腐、规格、形状、平整度、几何尺寸、光洁度、颜色和图案必须符合设计要求，且相关产品应有产品合格证。

② 面层与基底应安装牢固；粘贴料、干挂配件必须符合设计要求和国家现行有关标准的规定，钢配件需做好防锈、防腐处理。

③ 表面洁净、平整；拼花正确、纹理清晰、通顺，颜色均匀一致；非整板部位安装适宜，阴阳角处的石板压向正确。

④ 缝格均匀，板缝通顺，接缝嵌塞密实、宽窄一致，无错台、错位等缺陷。

⑤ 凸出物周围的板采取整板套割，尺寸准确，边缘吻合整齐、平顺，墙裙、贴脸等上口平直。

3. 施工做法详解

工艺流程 >>>>>>

验收石材→搭设脚手架→测量放线→钻孔开槽→底层石板安装→上行石板安装→密封填缝。

（1）**验收石材**　验收石材要专人负责管理，要按设计要求认真检查石材规格、型号是否正确（图 4-20），与料单是否相符，如发现颜色明显不一致的要单独码放，以便退还给厂家。

（2）**搭设脚手架**　搭设脚手架要求立杆离墙面净距不小于 500mm，短横杆距墙面不小于 300mm，架子与主体结构连接锚固牢固，架子上面铺跳板，外侧设置安装护网。

（3）**测量放线**　先将干挂花岗石板的墙面、柱面和门窗套用大线坠（特制）从上至下找出垂直，高层建筑用经纬仪找垂直。同时应该考虑石材厚度及石材内皮距结构表面的间距，一般以 6～8cm 为宜。根据花岗石板

图 4-20　石材进场验收

的高度用水准仪测定水平线并标注在墙上。一般竖向板缝为 6～10mm，横向板缝隙也为 6～10mm。弹线要从外墙饰面中心向两侧及上下分格，误差要匀开。

（4）**钻孔开槽** 安装大理石、花岗石石板前先测定准确位置，然后再进行钻孔开槽，对于钢筋混凝土或砖墙面，先在石板的两端距孔中心 80～100mm 处开槽钻孔，孔深 20～25mm，而后在墙面相对于石板开槽钻孔的位置钻直径 8～10mm 的孔，将不锈钢胀管螺栓一端插入孔中固定，另一端挂好锚固件。对于钢筋混凝土柱、梁，由于内部配筋率高，钢筋面积较大，在有些部位很难钻孔开槽，在测量弹线时，应该先在柱或梁面上躲开钢筋位置，准确标出钻孔位置，待钻孔及固定好胀管螺栓锚固件后，再在石板的相应位置钻孔开槽（图 4-21）。

图 4-21 钻孔开槽

（5）**底层石板安装** 底层大理石（图 4-22）或花岗石底层石板，应根据固定在墙面上的不锈钢锚固件位置进行安装。具体操作是将石板孔槽和锚固件固定销对位安置好，利用锚固件的长方形螺栓孔，调节至石板平整，用方尺找阴阳角方正，拉通线找石板上口平直，然后用锚固件将石板固定牢固，并用嵌固胶将锚固件填堵固定。

（6）**上行石板安装**（图 4-23） 先往下一行石板的插销孔内注入嵌固胶，擦净残余胶液后，将上行大理石或花岗石石板按照安装底石板的操作方法就位。检查安装质量，符合设计及规范要求后进行固定。对于檐口等石板上边不易固定的部位，可用同样方法对石板的两侧边进行锚固。

图 4-22 底层大理石安装

图 4-23 上行石板安装

（7）**密封填缝** 宜采用密封胶。待全部大理石或花岗石挂贴完毕，进行表面清洁和清除缝隙中的灰尘。先用直径为 8～10mm 的泡沫塑料条填板内侧，留 5～6mm 深缝，在缝两侧的石板（花岗石或大理石）上，靠缝粘贴 10～15mm 宽的塑料胶带，以防打胶嵌缝时污染板面。然后用打胶枪填满封胶，若密封胶污染板面，必须立即擦净。最后揭掉胶带，清洁板表面，打蜡抛光，达到质量标准后，拆除脚手架。

4. 施工总结

施工中易遇到的问题及防治方法如下。

① 颜色不一：为了避免出现外饰面石材板颜色不一致，施工时应事先对石材板进行认真的挑选和试拼。

② 线角不直、缝格不匀：为了防止线角不顺直，缝格不匀、不直，施工前应认真按照设计图纸尺寸核对结构施工实际尺寸；分段分块弹线要精确细致，并经常拉线（水平）和吊线（垂直）检查校正。

③ 严防渗漏：为了严防渗漏，增强美观性，施工时操作人员应认真细致打胶嵌缝，尤其要注意外窗套口的周边、立面凹凸变化的节点、不同材料交接处、伸缩缝、披水坡度和窗台及挑檐与墙面等交接处。

④ 为了避免弄脏墙面和减少残留在墙面的胶痕，施工时应确定好操作工艺，注意先后程序和上下左右层次，同时也要加强成品保护，对其起到有效的保护作用；施工操作人员必须养成随干随清擦的良好习惯，并加强成品保护管理教育工作，使操作人员或其他人不要在饰面上乱写乱画、乱蹬乱踩等造成污染，竣工前应自上而下地进行全面彻底的清擦。

⑤ 石材饰面允许偏差及检验方法见表 4-5。

表 4-5　石材饰面允许偏差及检验方法

项目		允许偏差/mm		检查方法
		光面	粗磨面	
立面垂直度	室内	2	2	用 2m 拖线板和尺量检查
	室外	3	6	
表面平整度		1	3	用 2m 靠尺和楔形塞尺检查
阴阳角方正		2	4	用 20cm 方尺和楔形塞尺检查
接缝直线度		2	4	拉 5m 小线,不足 5m 拉通线和尺量检查
墙裙上口直线度		2	3	拉 5m 小线,不足 5m 拉通线和尺量检查
接缝高低差		0.3	1	用 1m 钢板短尺和楔形塞尺检查
接缝宽度		0.5	1	用尺检查

第二节 ▶ 饰面板安装施工

一、轻质墙板采用建筑胶黏结施工

1. 施工现场图

轻质墙板胶粘施工现场见图 4-24。

图 4-24　轻质墙板胶粘施工现场

2. 注意事项

① 冬期施工的房间应密封，不得有寒冷的过堂风。其环境温度不得低于 5℃，应在采暖的条件下进行黏结施工。

② 为避免通长裂缝，门框旁边的板必须在门框上部中间留缝。

③ 受潮而未干燥的石膏空心板、纸面石膏板等不得黏结施工。

④ 在调制 SG791-石膏胶黏剂时，应控制调制量，调制好的胶黏剂使用不得超过 30min，否则会凝固造成浪费。

⑤ 应注意在涂胶剂前必须用线坠和靠尺检查龙骨的水平和垂直度；被黏结的石膏条板、石膏空心条板、纸面石膏板及石膏复合板等，必须在胶黏剂未凝前用线坠和靠尺检查校正好平整度和直线度。

3. 施工做法详解

`工艺流程` >>>>>

编制黏结方案→板面清理→调配胶黏剂（如 SG791）与建筑石膏配制→放线→黏结→嵌缝。

（1）**编制黏结方案**　安装轻质墙板前，应先编制黏结安装方案，确定安装顺序，并按安装顺序布置板的型号，然后运至现场堆放。

（2）**板面清理**　轻质墙板安装前，应对板的黏结部位及板面进行彻底清理，使其表面洁净。

（3）**调配胶黏剂（如 SG791）与建筑石膏配制**　其用量以适合黏结施工为宜，一般为石膏的 60%左右。如黏结缝大（指各种条板的黏结缝），还可加入 1~2 倍石膏量的砂子（中砂），砂子最大粒径可视缝隙大小而定。胶黏剂调制量以一次不超过 20min 使用时间为准。

如果操作熟练，20min 可黏结三块条板，最少也能黏结两块。因此，在建筑胶液用石膏胶凝材料调制胶黏剂时，一定要按需要量控制调制量，否则 30min 后黏结剂凝固造成浪费。还有一种建筑胶（SG792）不需要调制可直接使用。

（4）**黏结**

① 条板墙的黏结施工（图 4-25）

a. 条板墙与门框的黏结。首先，按照设计图纸尺寸放好线并确定出门的位置，然后立门框，在

图 4-25　条板墙的黏结施工

两侧用 SG792 胶黏剂把条板挤紧粘牢。最好在门框上和墙板上同时涂上胶黏剂，一人在一侧推，一人用撬棍向上顶墙板，一人用木楔顶紧墙板下端。胶黏剂厚度以保持 1mm 为宜，这是先立门框的操作方法。

后立门框，放线时应留准门洞口尺寸（门框尺寸），先立墙板，后塞安门框，如果墙与门框之间缝隙超过 3mm 时，应加木垫块（或片）过渡相互黏结（因胶黏剂最佳厚度为 1mm），这样能确保有效的黏结强度。

b. 条板的黏结（包括石膏条板、纤维石膏板及加气混凝土条板）。按已放好的线，靠门框向两边进行条板的黏结（无门框处，应从承重墙开始进行条板黏结）。

c. 嵌缝。一般条板间的嵌缝处理仍可采用 SG791 石膏胶黏剂。菱苦土条板或混凝土条板（5mm 厚）的嵌缝处理宜采用玻璃纤维接缝带和胶黏剂配合使用；也可以用 108 胶水泥砂浆嵌缝。

② 纸面石膏板的施工

a. 纸面石膏板龙骨与木门框的黏结，在楼板放好线后，应先立门框。在工字形龙骨上按门框所分黏结点的尺寸（一般间隔 40～50cm），用 SG792 建筑胶黏结木垫块。其厚度以工字龙骨一边的厚度为准。经过 24h 后，在石膏龙骨的木垫块与对应的门框上分别涂刷上 SG792 建筑胶，把龙骨与门框挤紧粘牢。然后把石膏龙骨连带木门框一起竖立，龙骨顶部涂以胶黏剂（常用 SG791 石膏胶黏剂），与天棚（楼板）黏结，下部用木楔涂 SG792 建筑胶打紧即可。

b. 纸面石膏龙骨的黏结方法也是采用下楔法。在石膏龙骨顶部涂上 SG791 石膏胶黏剂，然后一人手扶龙骨向上与混凝土楼板（天棚）就位接触，一人在龙骨下部打入木楔，然后在龙骨底部或底部两侧涂上 SG791 石膏胶黏剂。在操作中也可以将全部龙骨竖立起来，对准弹线打紧楔子，并在龙骨顶部及底部两侧涂上胶黏剂。但应注意在涂胶黏前必须检查龙骨的水平度和垂直度。

c. 纸面石膏板的黏结。在门框和龙骨已黏结完后，即可进行纸面石膏板的黏结。其方法是将已调好的 SG791 石膏胶黏剂在龙骨上涂成 2cm 长的长条，并在石膏板下部（待胶黏剂凝固后即撤去临时垫块），并用 3m 靠尺测量墙面的平整度，对不平整的部位必须在胶黏剂未凝固前修整调平。对于两层纸面石膏板的黏结可用 SG791 石膏胶黏剂，其方法有两种：一种是在面层板的背面涂成宽 2cm、厚 1～2cm 的三条胶黏剂串珠，然后贴在底层板上用靠尺找平墙面；另一种是在底层板面上涂成 $\phi50$、厚 1～2cm、相距约为 30cm 的胶黏剂圆饼，然后把面层板覆合上去，用靠尺找平墙。此法一般用于纸面石膏板贴在混凝土或砖墙面上做干粉刷施工时。

d. 嵌缝。纸面石膏板间距一般要留 3～5mm 的缝，以 SG791 石膏胶黏剂嵌缝，其表面填实刮平。

③ 石膏板空心条板安装（图 4-26）。石膏空心条板按材料分为石膏珍珠岩空心条板、石膏粉煤灰硅酸盐空心条板、磷石膏空心条板、防潮空心条板等。石膏空心条板一般用单层板作分室墙和隔墙，也可用两层空心条板，中设空气层或矿棉组成分户墙。墙板和梁（板）的连接，一般采用下楔法。其操作方法如下。

a. 墙位放线：安装墙板时按放线位置从门口通天框旁开始，其方向与安装纸面石膏板隔墙基本相同。安装前在板的顶面和侧面涂 108 胶水泥砂浆（配合比为 108 胶：水泥：砂＝1：1：3 或 1：2：4），先推紧侧面，再顶牢顶面；板下两侧各 1/3 处垫两组木楔，并用靠尺

图 4-26　石膏板空心条板安装

检查其平整度，然后在下端浇筑豆石混凝土。也可砌砖，然后粘立石膏空心条板。为防止安装时石膏空心条板底端吸水，故应先涂刷甲基硅醇钠溶液做防潮处理。

b. 板缝处理（图 4-27）：一般不留明缝，其做法是在涂刷防潮涂料前，先刷水湿润两遍，再抹石膏膨胀珍珠岩腻子（配合比为石膏：珍珠岩＝1：1），勾缝、刮平。

c. 踢脚线做法是先用稀释 108 胶水刷一层，再用 108 胶水泥砂浆刷至踢脚线部位，待初凝后用水泥砂浆抹实压光。

④ 石膏复合板墙安装

a. 按设计图纸弹好线（放线），将线内楼地面凿毛，浮土及灰渣清扫干净，浇水湿润，然后现浇混凝土墙基。

b. 安装时由墙的一端开始排列，最后剩余宽度不足整板时，须现量尺寸补板（异形），补板宽度大于 450mm 时，在板中应增设立一根龙骨，补板时在四周粘贴石膏板条，再在板条上粘贴石膏板。

c. 墙上设有窗口者，应先安装门窗口一侧较短的墙板，随即立口，再顺序安装门窗口另一侧墙板。一般情况下，门口两侧墙板宜用边角方正的整板，拐角两侧的墙板也力求使用整板。

d. 复合板安装时（图 4-28），在板的顶面、侧面和门窗口外侧面，应先将浮土清除，均匀涂抹胶黏剂成八字状，安装时侧面要严，上下要顶紧，接缝内胶黏剂要饱满（要凹进板面5mm 左右）；接缝宽度为 35mm，板底空隙不大于 25mm，板所塞木楔上下接触面应涂胶黏剂，木楔一般不撤除，但不得外露墙面。

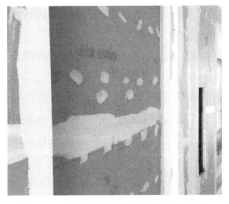

图 4-27　板缝抹石膏膨胀珍珠岩腻子

图 4-28　复合板安装施工

e. 第一块复合板安装后，要检查垂直度，顺序往后安装时，必须上下横靠检查尺，要与相邻板面找平，若发现板面接缝不平，应及时用铁销子或螺栓校正。

f. 双层复合板中间留空气层的墙体，其安装要求：先安装一道复合板，露明于房间一侧的墙面必须平整，在空气层一侧的墙板接缝要用胶黏剂勾严密封；安装另一侧复合板前插入电气设备管线，第二道复合板的板缝要与第一道板缝错开，并应使露明于房间一侧的墙面平整。

4. 施工总结

① 已黏结的墙面或龙骨，在 12h 内不得碰撞、敲打，也不能进行下道工序的施工，并应设专人负责看护管理工作。

② 轻质墙板在黏结施工中，掉在墙面上的胶黏剂必须在凝结前清除干净。

③ 被黏结的轻质墙板、石膏龙骨纸面石膏板、石膏空心板及石膏复合板等应黏结牢固，不应有开胶、裂缝、松动等缺陷。

④ 7d 后如做破坏性试验，石膏空心板、纸面石膏板、加气混凝土条板应在母材上做破坏性试验。

⑤ 黏结完毕的墙体，在第二天填嵌砂浆时，撤掉所有木楔子，墙体不应有下掉、裂缝、开胶现象。

二、泰柏板隔墙安装施工

1. 施工现场图

泰柏板隔墙安装施工现场见图 4-29。

图 4-29　泰柏板隔墙安装施工现场

2. 注意事项

① 泰柏板堆放应用大方木垫起找平。叠层堆放时，每层间用小木块垫平，且上下层垫块的位置应在同一垂直线上，堆放要整齐，要符合设计受力要求。

② 抹罩面灰的同时，应把门窗框与墙连接处的缝隙用 108 胶水泥浆填塞密实；门口钉设铁皮或木板保护。

③ 残留在门窗框上的砂浆应及时清擦干净；铝合金门窗框应用塑料薄膜缠好，直到交工验收为止。

④ 推小推车或搬运材料等，注意不要碰坏口角和墙面，抹灰用的大木杠、铁锹把等不要靠在墙上，防止损坏墙面和口角。

⑤ 拆除脚手架、跳板、马凳时，要轻拆轻放，拆除后的料具应码放整齐，不要撞坏门窗、墙面和口角。

⑥ 在抹灰层凝结硬化前，应防止快干、水冲、撞击、振动和挤压，以保证泰柏板隔墙有足够的强度。

3. 施工做法详解

工艺流程 >>>>

泰柏板加工→墙体放（弹）线→钻孔→隔墙安装→墙板加固→管线敷设→墙面抹灰。

(1) **泰柏板加工** 根据设计要求及房间净高，向供货厂家提出加工板高度、宽度（一般为100mm）、厚度（一般为80mm，但不包括抹灰的厚度及数量）。

(2) **墙体放（弹）线** 在楼地面、墙体及顶棚面上弹出泰柏板墙双面边线，边线间距为80mm（板厚），用线坠吊垂直，以保证边线及上下线在一个垂直平面内。

图4-30 泰柏板隔墙现场安装

(3) **钻孔** 用手电钻或电锤在顶棚、楼面及墙体已弹的双边线上钻孔，孔深为50mm，孔径为$\phi6$，单边孔距300mm，双边线上孔眼应错开设置。

(4) **隔墙安装**（图4-30）

① 泰柏板与楼面连接。用铁锤在单面四边已钻孔内打入$\phi6.5$钢筋码，楔紧。将泰柏板紧靠上下钢筋码，用扎丝将其与板内钢丝网绑紧。

② 板与板连接。板与板之间连接处加盖厂家供货钢丝网片之字条，外压$\phi6.5$钢筋压条，用扎丝绑紧。

③ 带有门窗洞的隔墙安装。用钢丝钳剪断洞口处钢丝网格，锯除洞口泡沫塑料。洞口周边绑扎比洞口尺寸每边长500mm的$\phi6.5$钢筋，靠洞口楼板面处的钢筋应插入孔内。

(5) **墙板加固** 沿四周钢筋码设置$\phi4$冷拔钢丝两道，用扎丝绑紧，这样就形成一面牢固的整体隔板墙。当墙任意一面抹灰时，另一面不需要支撑固定。

(6) **管线敷设** 暗敷管线（电线）可横向或竖向布设，管径不宜超过25mm。管线和电开关盒在确定位置后，用钢丝钳剪断板面钢丝网格埋入即可。管线外加盖钢丝网片，以利于抹灰。

(7) **墙面抹灰**（图4-31） 泰柏板、电配线管、开关盒预埋件等安装完毕，经检查验收合格后即可抹灰。泰柏板双面抹灰完毕，断面墙厚120mm。因此每面抹灰分以下三道工序。

① 基层处理。用清水冲洗板与四周接头处杂物及浮土，然后用108胶水泥浆嵌实板四周接头处缝隙。

② 泰柏板厚度为80mm，其中泡沫塑料厚50mm，每边尚有15mm空隙。因此，每边打底砂浆层厚应为25mm，方能遮盖板中钢丝网格及钢筋码。打底用1:3水泥砂浆，分两层打底。第一层打底盖住钢丝网格，约15mm厚；第二层打底盖住钢筋码及加固钢筋，约10mm厚。待一面打底砂浆凝固后，方能进行另一面抹灰。

③ 抹罩面灰底层砂浆凝固后即可做灰饼、冲筋。如果底层过于干燥，应喷水湿润，然后按设计要求罩面压实赶光。面层厚度为10mm。门窗洞口接缝处应用108胶水泥浆嵌填密

图 4-31 墙面抹灰施工

实，并喷水养护，最后用木线贴脸压缝。

4.施工总结

① 施工时对基层应认真清扫干净。抹罩面灰时，底层应喷水湿润，并涂刷一道 108 胶水泥浆。以增加黏结作用，减少砂浆收缩应力，提高砂浆早期抗拉强度，避免空鼓、干缩和裂缝的出现。

② 抹完罩面灰后，在不具备早期强度、灰层表面水分已收干时，方可进行压实、赶光，以避免表面出现起泡现象。

③ 抹罩面灰，需在底子灰有五六成干时进行，如过于干燥要适当喷水湿润。赶压罩面灰时应掌握好时间，以消除抹纹。

④ 底子灰抹完后，认真吊线、套方和找直，并做好灰饼和冲筋（标筋），阴阳角处套方，应保证墙面垂直、平整及阴阳角方正。

⑤ 在抹踢脚线时，应认真进行拉通线、找规矩、套方等工作，以确保踢脚线上口平直。

⑥ 泰柏板安装允许偏差及检验方法见表 4-6。

表 4-6　泰柏板安装允许偏差及检验方法

项目	允许偏差/mm	检查方法
表面平整度	4	用 2m 靠尺和塞尺检查
立面垂直度	5	用 2m 拖线板和尺量检查
踢脚线上口平直	4	拉线检查

第五章

涂饰与裱糊工程

第一节 ▶ 涂饰工程施工

一、水溶性涂料涂饰工程施工

1. 施工现场图

水溶性涂料施工现场见图 5-1。

图 5-1　水溶性涂料施工现场

2. 注意事项

① 高空作业超过 2m 时，应按规定搭设脚手架。施工前要检查是否牢固。人字梯应四脚落地，摆放平稳，梯脚应设防滑橡皮垫和保险链。人字梯上铺设脚手板，脚手板两端搭设长度不得少于 20cm，脚手板中间不得两人同时操作。梯子挪动时，作业人员必须下来，严禁站在梯子上踩高跷式挪动，人字梯顶部铰轴不准站人，不准铺设脚手板。人字梯应当经常检查，发现开裂、腐朽、楔头松动、缺档等，不得使用。

② 施工现场应有严禁烟火的安全措施，现场应设专职安全员监督，确保施工现场无明火。

③ 施工现场周边应根据噪声敏感区域的不同，选择低噪声设备或其他措施，同时应按国家有关规定控制施工作业时间。

④ 涂刷作业时，操作工人应佩戴相应的保护设施，如：防毒面具、口罩、手套等，以免对工人的健康产生损害。

3. 施工做法详解

工艺流程

基层处理→修补腻子→刮腻子→涂第一遍乳液薄涂料→涂第二遍乳液薄涂料→涂第三遍乳液薄涂料。

（1）**基层处理** 基层处理的工作内容包括基层清理和基层修补。

① 混凝土及砂浆的基层处理：为保证涂膜能与基层牢固黏结在一起，基层表面必须干净、坚实，无疏松、脱皮、起壳、粉化等现象，基层表面的泥土、灰尘、污垢、黏附的砂浆等应清扫干净，酥松的表面应予铲除。为保证基层表面平整，缺棱掉角处应用 1：3 水泥砂浆（或聚合物水泥砂浆）修补，表面的麻面、缝隙及凹陷处应用腻子填补修平。

② 木材与金属基层的处理及打底子：为保证涂膜与基层黏结牢固，木材表面的灰尘、污垢和金属表面的油渍、鳞皮、锈斑、焊渣、毛刺等必须清除干净。木料表面的裂缝等在清理和修整后应用石膏腻子填补密实、刮平收净，用砂纸磨光以使表面平整。木材基层缺陷处理好后表面上应做打底子处理，使基层表面具有均匀吸收涂料的性能，以保证面层的色泽均匀一致。金属表面应刷防锈漆，涂料施涂前被涂物件的表面必须干燥，以免水分蒸发造成涂膜起泡，一般木材含水量不得大于 12％，金属表面不得有湿气。

③ 基层处理应符合下列规定。

a. 混凝土及水泥砂浆抹灰基层：应满刮腻子、砂纸打光，表面应平整光滑、线角顺直。

b. 纸面石膏板基层：应按设计要求对板缝、钉眼进行处理后，满刮腻子、砂纸打光。

c. 清漆木质基层：表面应平整光滑，颜色协调一致，无污染、裂缝、残缺等缺陷。

d. 调和漆木质基层：表面应平整、无严重污染。

e. 金属基层：表面应进行除锈和防锈处理。

（2）**修补腻子** 用水石膏将墙面等基层上磕碰的坑凹、缝隙等处分别找平，干燥后用 1 号砂纸将凸出处磨平，并将浮尘等清扫干净（图 5-2）。

墙面腻子打磨工艺
扫码观看视频

图 5-2　墙面修补施工

（3）**刮腻子**（图 5-3） 涂膜对光线的反射比较均匀，因而在一般情况下不易觉察的基层表面细小的凹凸不平和砂眼，在涂刷涂料后由于光影作用都将显现出来，影响美观。所以基层必须刮腻子数遍予以找平，并在每遍所刮腻子干燥后用砂纸打磨，保证基层表面平整光滑。

需要刮腻子的遍数，视涂饰工程的质量等级、基层表面的平整度和所用的涂料品种而定。一般情况为三遍，腻子的配合比为质量比，有下

刮腻子
扫码观看视频

图 5-3　刮腻子

列两种。

① 适用于室内的腻子，其配合比为：聚醋酸乙烯乳液（即白乳胶）：滑石粉或钛白粉：20％羧甲基纤维素溶液＝1：5：3.5。

② 适用于外墙、厨房、厕所、浴室的腻子，其配合比为：聚醋酸乙烯乳液：水泥：水＝1：5：1。

具体操作方法为：第一遍用胶皮刮板横向满刮，一刮板接一刮板，接头不得留槎，每刮一板最后收头时，注意收得干净利落。干燥后用1号砂纸将浮腻子及斑迹磨平磨光，再将墙面清扫干净。第二遍用胶皮刮板竖向满刮，所用材料和方法同第一遍腻子，干燥后用1号砂纸磨平并清扫干净。第三遍用胶皮刮板找补腻子，用钢片刮板满刮腻子，墙面等基层部位刮平刮光干燥后，用细砂纸磨平磨光，注意不要漏磨或将腻子磨穿。

（4）**涂第一遍乳液薄涂料**（图5-4）　施涂顺序是先刷顶板后刷墙面，刷墙面时应先上后下。先将墙面清扫干净，再用布将墙面粉尘擦净。乳液薄涂料一般用排笔涂刷，使用新排笔时，注意将活动的排笔毛理掉。乳液薄涂料使用前应搅拌均匀，适当加水稀释，防止头遍涂料涂不开。干燥后复补腻子，待复补腻子干燥后用砂纸磨光，并清扫干净。

（5）**涂第二遍乳液薄涂料**　操作要求同第一遍，使用前要充分搅拌，如不是很稠，不宜加水，以防露底。漆膜干燥后，用细砂纸将墙面疙瘩和排笔毛打磨掉，磨光滑后清扫干净。

乳胶漆底漆滚涂工艺

扫码观看视频

（6）**涂第三遍乳液薄涂料**（图5-5）　操作要求同第二遍乳液薄涂料。由于乳胶漆膜干燥较快，应连续迅速操作。涂刷时从一头开始，逐渐涂刷到另一头，要注意上下顺刷互相衔接，后一排笔紧接前一排笔，避免干燥后再处理接头。

4. 施工总结

① 混凝土或抹灰基层涂刷溶剂型涂料时，含水率不得大于8％；涂刷水性涂料时，含水率不得大于10％；木质基层含水率不得大于12％。

② 涂料在使用前应搅拌均匀，并应在规定的时间内用完。

③ 施工现场的环境温度宜为5～35℃，并应注意通风换气和防尘。

④ 涂料的品种、颜色应符合设计要求，并应有产品性能检测报告和产品合格证书。

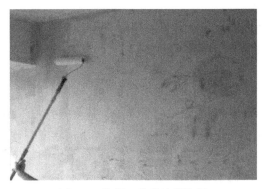 

图 5-4　涂第一遍乳液薄涂料　　　　　图 5-5　涂第三遍乳液薄涂料

⑤ 涂饰工程所用腻子的黏结强度应符合国家现行标准的有关规定。

⑥ 木质基层涂刷清漆：木质基层上的节疤、松脂部位应用虫胶漆封闭，钉眼处应用油性腻子嵌补。在刮腻子、上色前，应涂刷一遍封闭底漆，然后反复对局部进行拼色和修色，每修完一次，刷一遍中层漆，干后打磨，直至色调协调统一后再做饰面漆。

⑦ 木质基层涂刷调和漆：先满刷清油一遍，待其干后用油腻子将钉孔、裂缝、残缺处嵌刮平整，干后打磨光滑，再刷中层和面层油漆。

⑧ 对泛碱、泛盐的基层应先用 3% 的草酸溶液清洗，然后用清水冲刷干净或在基层上满刷一遍耐碱底漆，待其干后刮腻子，再涂刷面层涂料。

⑨ 浮雕涂饰的中层涂料应颗粒均匀，用专用塑料辊蘸煤油或水均匀滚压，厚薄一致，待完全干燥固化后，才可进行面层涂饰。面层为水性涂料应采用喷涂，溶剂型涂料应采用刷涂。间隔时间宜在 4h 以上。

⑩ 涂料、油漆打磨应待涂膜完全干透后进行，打磨应用力均匀，不得磨透露底。

二、溶剂型涂料涂饰工程施工

1. 施工现场图

溶剂型涂料涂饰施工现场见图 5-6。

图 5-6　溶剂型涂料涂饰施工现场

2. 注意事项

① 冬期施工：冬期施工室内油漆涂料工程，应在采暖条件下进行，室温保持均衡，一般油漆施工的环境温度不宜低于 10℃，相对湿度不宜大于 60%，不得有突然变化。同时应

设专人负责测温和开关门窗，以利通风，排除湿气。

② 刷油后立即将滴在地面或窗台上和污染墙上及五金上的油漆清擦干净。

③ 油漆涂料工程完成后，应派专人负责看管和管理，禁止摸碰。

3. 施工做法详解

(1) 金属表面施涂混色油漆涂料

① 基层处理：清扫、除锈、磨砂纸。首先将钢门窗和金属表面上浮土、灰浆等打扫干净。已刷防锈漆但出现锈斑的钢门窗或金属表面，须用铲刀铲除底层防锈漆后，再用钢丝刷和砂布彻底打磨干净，补刷一道防锈漆，待防锈漆干透后，将钢门窗或金属表面的砂眼、凹坑、缺棱、拼缝等处，用石膏腻子刮抹平整（金属表面腻子的质量配合比为石膏粉∶熟桐油∶油性腻子或醇酸腻子∶底漆＝20∶5∶10∶7，水适量，腻子要调成不软、不硬、不出蜂窝、挑丝不倒为宜），待腻子干透后，用1号砂纸打磨，磨完砂纸后用湿布将表面上的粉末擦干净。

② 刮腻子：用开刀或橡皮刮板在钢门窗或金属表面上满刮一遍石膏腻子（配合比同上），要求刮得薄，收得干净，均匀平整无飞刺。等腻子干透后，用1号砂纸打磨，注意保护棱角，要求做到表面光滑、线角平直、整齐一致。

③ 刷第一遍油漆

a. 刷铅油（或醇酸无光调和漆）：铅油用色铅油、光油、清油和汽油配制而成，配合比同前，经过搅拌后过箩，冬季宜加适量催干剂。油的稠度以达到盖底、不流坠、不显刷痕为宜，铅油的颜色要符合样板的色泽。刷铅油时从框上部左边开始涂刷，框边刷油时不得刷到墙上，要注意内外分色，厚薄要均匀一致，刷纹必须通顺，框子上部刷好后再刷亮子，全部亮子刷完后，再刷框子下半部。刷窗扇时，如两扇窗，应先刷左扇后刷右扇；三扇窗者，最后刷中间一扇，窗扇外面全部刷完后，用梃钩钩住再刷里面。刷门时先刷亮子，再刷门框及门扇背面，刷完后用木楔将门扇下口固定，全部刷完后，应立即检查一下有无遗漏，分色是否正确，并将小五金件等沾染的油漆擦干净。要重点检查线角和阴阳角处有无流坠、漏刷、裹棱、透底等缺陷，如有应及时修整，以达到色泽一致。

b. 抹腻子：待油漆干透后，对于底腻子收缩或残缺处，再用石膏腻子补抹一次，要求与做法同前。

c. 磨砂纸：待腻子干透后，用1号砂纸打磨，要求同前。磨好后用湿布将磨下的粉末擦净。

④ 刷第二遍油漆。刷铅油：同前。擦玻璃、磨砂纸：使用湿布将玻璃内外擦干净，注意不得损伤油灰表面和八字角。磨砂纸应用1号砂纸或旧砂纸轻磨一遍，方法同前，但注意不要把底漆磨穿，要保护棱角。磨好砂纸应打扫干净，用湿布将磨下的粉末擦干净。

⑤ 刷最后一遍调和漆：刷油方法同前。但由于调和漆黏度较大，涂刷时要多刷多调理，刷油要饱满、不流不坠、光亮均匀、色泽一致。在玻璃油灰上刷油，应等油灰达到一定强度后方可进行，刷油动作要敏捷，刷子要轻、油要均匀，不损伤油灰表面光滑，八字见线。刷完油漆后，要立即仔细检查一遍，如发现有毛病，应及时修整。最后用梃钩或木楔子将门窗扇打开固定好。

(2) 木料表面施涂丙烯酸清漆

① 基层处理：首先清除木料表面的尘土和油污。如木料表面被机油污染，可用汽油或稀料将油污擦洗干净。清除尘土、油污后用砂纸打磨，大面可用砂纸包5cm见方的短木垫着打磨。要求磨平、磨光，并清扫干净。

② 润油粉：油粉是根据样板颜色用钛白粉、红土粉、黑漆、地板黄、清油、光油等配制而成。油粉调得不可太稀，以调成粥状为宜。润油粉刷、擦均可，擦时用麻绳断成30～40cm长的麻头来回揉擦，包括边、角等都要擦润到并擦净。线角用牛角板刮净。

③ 满刮色腻子：色腻子由石膏、光油、水和石性颜料调配而成。色腻子要刮到、收净，不应漏刮。

④ 磨砂纸：待腻子干透后，用1号砂纸打磨平整（图5-7），磨后用干布擦抹干净。再用同样的色腻子满刮第二道，要求与刮头道腻子相同。刮后用同样的色腻子将钉眼和缺棱掉角处补抹腻子，要抹得饱满平整。干后磨砂纸，打磨平整，做到木纹清晰，不得磨破棱角，磨完后清扫，并用湿布擦净、晾干。

⑤ 刷第1～4道醇酸清漆：涂膜厚薄均匀、不流不坠，刷纹通顺，不得漏刷。每道漆间隔时间，一般夏季约6h，春、秋季约12h，冬季约为24h，有条件时时间稍长一点更好。

⑥ 点漆片修色：对钉眼、节疤进行拼色，使整个表面颜色一致。

⑦ 刷第1～2道丙烯酸清漆（图5-8）：用羊毛排笔顺纹涂刷，涂膜要厚度适中、均匀一致，不得流淌、过边、漏刷。第1道至第2道刷漆时间间隔，一般夏季约6h，春、秋季约12h，冬季约为24h，有条件时，时间稍长一点更好。

图5-7　砂纸打磨

图5-8　刷丙烯酸清漆

⑧ 磨水砂纸：涂料刷4～6h后用280～320号水砂纸打磨，要磨光、磨平并擦去浮粉。

⑨ 打砂蜡：首先将原砂蜡掺煤油调成粥状，用双层呢布头蘸砂蜡往返多次揉擦，力量要均匀，边角线都要揉擦，不可漏擦，棱角不要磨破，直到不见亮星为止。最后用干净棉丝蘸汽油将浮蜡擦净。

⑩ 擦上光蜡：用干净白布将上光蜡包在里面，收口扎紧，用手揉擦、擦匀、擦净直至光亮为止。其操作工艺同上述①～⑥，再加擦清漆面，即在第四道醇酸清漆刷完干透后，进行擦醇酸清漆（醇酸清漆加10%～15%的醇酸稀料），用白布（最好是豆包布）包棉花蘸清漆理擦5～6遍，这样使棕眼更加平整。在常温下干燥3～5d后，用400号水砂纸磨去亮光的50%以上，俗称"断斑"。但要注意不得磨破末道漆面和线条、棱角等，磨后清理抹干净。接着按照上述操作工艺⑨打砂蜡、⑩擦上光蜡出亮即可成活。

（3）木料表面施涂混色磁漆磨退

① 基层处理：首先用开刀或碎玻璃片将木料表面的油污、灰浆等清理干净，然后磨一遍砂纸，要磨光、磨平，木毛槎要磨掉，阴阳角胶迹要清除，阳角要倒棱、磨圆，上下一致。

② 刷底油：底油由光油、清油、汽油搅拌而成，要涂刷均匀，不可漏刷。石膏腻子，

搅拌腻子时可加入适量醇酸磁漆。干燥后磨砂纸，将腻子痕迹磨掉，清扫并用湿布擦净。满刮石膏腻子（调制腻子时要加适量醇酸磁漆，腻子要调得稍稀些），用刮腻子板满刮一遍，要刮光、刮平。干燥后磨砂纸，将腻子痕迹磨掉，清扫并用湿布擦净。满刮第二道腻子，大面用钢片刮板刮，要平整光滑；小面处用开刀刮，阴角要直。腻子干透后，用 0 号砂纸磨平、磨光，清扫并用湿布擦净。

③ 刷第一道醇酸磁漆：头道漆可加入适量醇酸稀料调得稍稀，要注意横平竖直涂刷，不得漏刷和流坠，待漆干透后磨砂纸，清扫并用湿布擦净。如发现有不平之处，要及时复抹腻子，干燥后局部磨平、磨光，清扫并用湿布擦净。刷每道漆间隔时间，应根据当时气温而定，一般夏季约 6h，春、秋季约 12h，冬季约为 24h。

④ 刷第二道醇酸磁漆：刷这一道不加稀料，注意不得漏刷和流坠。干透后磨水砂纸，如表面疙瘩多，可用 280 号水砂纸磨。如局部有不光、不平处，应及时复补腻子，待腻子干透后，磨砂纸、清扫并用湿布擦净。刷完第二道漆后，便可进行玻璃安装工作。

⑤ 刷第三道醇酸磁漆：刷法与要求同第二道，这两道可用 320 号水砂纸打磨，但要注意不得磨破棱角，要做到平和光，磨好以后应清扫并用湿布擦净。

⑥ 刷第四道醇酸磁漆：刷漆的方法与要求同上。刷完 7d 后应用 320～400 号水砂纸打磨，磨时用力要均匀，应将刷纹基本磨平，并注意棱角不得磨破，磨好后清扫并用湿布擦净待干。

⑦ 打石蜡：先将原石蜡加入煤油化成粥状，然后用棉丝蘸上砂蜡涂布满一个门面或窗面，用手按棉丝来回揉擦往返多次，揉擦时用力要均匀，擦至出现暗光，大小面上下一致为准（不得磨破棱角），最后用棉丝蘸汽油将浮蜡擦洗干净。

⑧ 擦上光蜡：用干净棉丝蘸上光蜡薄薄地抹一层，注意要擦匀擦净，到光泽饱满为止。

(4) 木料表面清漆涂料施涂

① 基层处理：首先将木门窗和木料表面基层面上的灰尘、油污、斑点、胶迹等用刮刀或碎玻璃片刮除干净。注意不要刮出毛刺，也不要刮破抹灰墙面。然后用 1 号以上砂纸顺木纹打磨，先磨线角，后磨四口平面，直到光滑为止。木门窗基层有小块活翘皮时，可用小刀辅助撕掉。重皮的地方应用小钉子钉牢固，如重皮较大或有烤煳印疤，应由木工修补。

② 润色油粉：用大白粉 24、松香水 16、熟桐油 2（质量比）等混合搅拌成色油粉（颜色同样板颜色），盛在小油桶内。用棉丝蘸油粉反复涂于木料表面，擦进木料棕眼内，而后用麻布或木丝擦净，线角应用竹片除去余粉。注意墙面及五金上不得沾染油粉。待油粉干后，用 1 号砂纸轻轻顺木纹打磨，先磨线角、裁口，后磨四口平面，直到光滑为止。注意保护棱角，不要将棕眼内油粉磨掉。磨完后用潮布将磨下的粉末、灰尘擦净。

③ 满刮油腻子：抹腻子，腻子的质量配合比为石膏粉：熟桐油：水＝20：7：50，并加颜料调成油色腻子（颜色浅于样板 1～2 色），要注意腻子油性不可过大或过小，如油性大，刷时不易浸入木质内，如油性小，则易钻入木质内，这样刷的油色不易均匀，颜色不能一致。用开刀或牛角板将腻子刮入钉孔、裂纹、棕眼内。刮抹时要横抹竖起，如遇接缝或节疤较大时，应用开刀、牛角板将腻子挤入缝内，然后抹平。腻子一定要刮光，不留野腻子。待腻子干透后，用 1 号砂纸轻轻顺木纹打磨，先磨线角、裁口，后磨四口平面，注意保护棱角，来回打磨至光滑为止。磨完后用湿巾将磨下的粉末擦净。

④ 刷油色：先将铅油（或调和漆）、汽油、光油、清油等混合在一起过箩（颜色同样板颜色），然后倒在小油桶内，使用时经常搅拌，以免沉淀造成颜色不一致。刷油色时，

应从外至内、从左至右、从上至下进行，顺着木纹涂刷。刷门窗框时不得污染墙面，刷到接头处要轻飘，使颜色一致；因油色干燥较快，所以刷油色时动作应敏捷，要求无缕无节，横平竖直，刷油过刷子要轻飘，避免出刷络。刷木窗时，刷好框子上部后再刷亮子；亮子全部刷完后，用梃钩钩住，再刷窗扇；如为双扇窗，应先刷左扇、后刷右扇；三扇窗最后刷中间扇；纱窗扇先刷外面后刷里面。刷木门时，先刷亮子、后刷门框和门扇背面，刷完后用木楔将门扇固定，最后刷门扇正面；全部刷好后，检查是否有漏刷，小五金上沾染的油色要及时擦净。油色涂刷后，要求与木材色泽一致，而又不盖住木纹，所以每一个刷面一定要一次刷好，不留接头，两个刷面交接棱口不要互相沾油，沾油后要及时擦掉，使颜色一致。

⑤ 刷第一遍清漆

a. 刷清漆（图 5-9）：刷法与刷油色相同，但刷第一遍用的清漆应略加一些稀料便于快干。因清漆黏性较大，最好使用已用出刷口的旧刷子，刷时要注意不流、不坠，涂刷均匀。待清漆完全干透后，用 1 号或旧砂纸彻底打磨一遍，将头遍清漆面上的光亮基本打磨掉，再用潮布将粉尘擦净。

b. 修补腻子：一般要求刷油色后不抹腻子，特殊情况下，可以使用油性略大的带色石

图 5-9　刷清漆施工

膏腻子，修补残缺不全之处，操作时必须使用牛角板刮抹，不得损伤漆膜，腻子要收刮干净，光滑无腻子疤（有腻子疤必须点漆片处理）。

c. 修色：木料表面上的黑斑、节疤、腻子疤和材色不一致处，应用漆片、酒精加色调配（颜色同样板颜色），或用由浅到深清漆、调和漆和稀释剂调配，进行修色；材色深的应修浅，浅的提深，将深浅色的木料拼成一色，并绘出木纹。

d. 磨砂纸：使用细砂纸轻轻往返打磨，然后用湿布擦净粉末。

⑥ 刷第二遍清漆：应使用原桶清漆不加稀释剂（冬季可略加催干剂），刷油操作同前，但刷油动作要敏捷、多刷多理，漆涂刷得饱满一致、不流不坠、光亮均匀，刷完后再仔细检查一遍，有毛病要及时纠正。刷此遍清漆时，周围环境要整洁，宜暂时禁止通行，最后将木门窗用梃钩钩住或用木楔固定牢固。

⑦ 刷第三遍清漆：待第二遍清漆干透后，首先要进行磨光，然后过水布，最后刷第三遍清漆，刷法同前。

4. 施工总结

① 高空作业超过 2m 时应按规定搭设脚手架。施工前要检查是否牢固。使用的人字梯应四脚落地，摆放平稳，梯脚应设防滑橡皮垫和保险链。人字梯上铺设脚手板，脚手板两端搭设长度不得少于 20cm，脚手板中间不得两人同时操作。梯子挪动时，作业人员必须下来，严禁站在梯子上踩高跷式挪动，人字梯顶部铰轴不准站人、不准铺设脚手板。人字梯应当经常检查，发现开裂、腐朽、楔头松动、缺档等，不得使用。

② 施工现场严禁设油漆材料仓库，场外的油漆仓库应有足够的消防设施。

③ 施工现场应有严禁烟火的安全措施，现场应设专职安全员监督，确保施工现场无明火。

④ 每天收工后应尽量不剩油漆材料，剩余油漆不准乱倒，应收集后集中处理。废弃物（如废油桶、油刷、棉纱等）按环保要求分类处置。

⑤ 施工现场周边应根据噪声敏感区域的不同，选择低噪声设备或其他措施，同时应按国家有关规定控制施工作业时间。

⑥ 油漆使用后，应及时封闭存放，废料应及时清出室内，施工时室内应保持良好通风，但不宜有过堂风。

⑦ 每遍油漆刷完后，都应将门窗用梃钩钩住或用木楔固定，防止扇框油漆黏结影响质量和美观，同时防止门窗扇玻璃被损坏。

第二节 ▶ 裱糊工程施工

一、裱糊顶棚壁纸施工

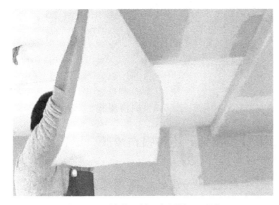
图 5-10　裱糊顶棚壁纸施工现场

1. 施工现场图
裱糊顶棚壁纸施工现场见图 5-10。

2. 注意事项
① 石膏粉、钛白粉、滑石粉、聚醋酸乙烯乳液、羧甲基纤维素、108 胶及各种型号的壁纸、胶黏剂等材料应符合设计要求和国家标准。

② 壁纸：为保证裱糊质量，各种壁纸、墙布的质量应符合设计要求和相应的国家标准。

③ 胶黏剂、嵌缝腻子、玻璃网格布等，应根据设计和基层的实际需要提前备齐。同时胶黏剂应满足建筑物的防火要求，避免在高温下因胶黏剂失去黏结力使壁纸脱落而引起火灾。

3. 施工做法详解

工艺流程 ⟫⟫⟫⟫

基层处理→吊直、套方、找规矩、弹线→计算用料、裁纸→刷胶、糊纸→修整。

（1）**基层处理**　清理混凝土顶面，满刮腻子：首先将混凝土顶上的灰渣、浆点、污物等清刮干净，并用笤帚将粉尘扫净，满刮腻子一道。腻子的体积配合比为聚醋酸乙烯乳液：石膏或滑石粉：羧甲基纤维素溶液＝1：5.9：3.5。腻子干后磨砂纸，满刮第二遍腻子，待腻子干后用砂纸磨平、磨光。

（2）**吊直、套方、找规矩、弹线**　首先应将顶棚的对称中心线通过吊直、套方、找规矩的办法弹出中心线，以便从中间向两边对称控制。墙顶交接处的处理原则：凡有挂镜线的按挂镜线，没有挂镜线则按设计要求弹线。

（3）**计算用料、裁纸**　根据设计要求决定壁纸的粘贴方向，然后计算用料、裁纸。应按所量尺寸每边留出 2～3cm 的余量，如采用塑料壁纸，应在水槽内先浸泡 2～3min，拿出，抖出余水，把纸面用干净毛巾蘸干。

（4）**刷胶、糊纸**　在纸的背面和顶棚的粘贴部位刷胶（图 5-11），应注意按壁纸宽度刷胶,不宜过宽。铺贴时应从中间开始向两边铺粘。第一张一定要按已弹好的线找直粘牢,应注意纸的两边各甩出 1～2cm 不压死,以满足与第二张铺粘时的拼花压槎对缝的要求。然后依上法铺粘第二张,两张纸搭接 1～2cm,用钢板尺比齐,两人将尺按紧,一人用劈纸刀裁切,随即将搭槎处两张纸条撕去,用刮板带胶将缝隙压实到牢。随后将顶棚两端阴角处用钢板尺比齐、拉直,用刮板及辊子压实,最后用温湿毛巾将接缝处辊压出的胶痕擦净,依次进行。

图 5-11　纸背面刷胶

(5) **修整**　壁纸粘贴完后,应检查是否有空鼓不实之处,接槎是否平顺、有无翘边现象(图 5-12)、胶痕是否擦净、有无气泡、表面是否平整、多余的胶是否清擦干净等,直至符合要求为止。

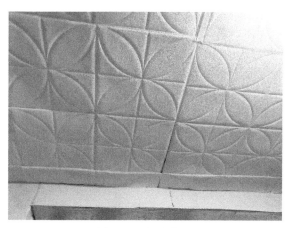

图 5-12　翘边修整

4. 施工总结

裱糊顶棚壁纸施工过程中会出现浮泡的现象。

解决方法:要修复壁纸内的浮泡,切割一个"X"字形,向后掀起,将黏合剂刷入浮泡,然后按下壁纸,位于不显眼处的浮泡不会引起注意。如果使用的是未加工过的印刷纸,则小浮泡可以随着黏合剂的风干和纸张收缩而自动消失。但是,如果壁纸粘贴到墙上一个小时后浮泡仍未消失,则可能浮泡就不会自动消失了。按照以下步骤操作,可以修复形成 1～2 小时的浮泡。

① 用直别针刺浮泡。

② 用拇指轻轻挤压堆积的仍然湿润的黏合剂或空气,使其从小孔处排出,注意不要撕破壁纸。

③ 如果此办法行不通,则使用单刃剃须刀片或美工刀在壁纸上割出一个小"X"形,然后掀起壁纸末端。

④ 如果下面有黏合剂块，则轻轻地将其刮除。如果是空气造成的，则使用刷子在壁纸后面涂上少量的黏合剂，然后按下壁纸。边沿可能会有一点重叠，但是以后很难发现。

二、裱糊墙面壁纸施工

1. 施工现场图

墙面壁纸施工现场见图 5-13。

2. 注意事项

① 操作前检查脚手架和跳板是否搭设牢固，高度是否满足操作要求，合格后才能上架操作，凡不符合安全要求之处应及时修整。

② 在两层脚手架上操作时，应尽量避免在同一垂直线上工作。

③ 壁纸裱糊完的房间应及时清理干净，不准做料房或休息室，避免污染和损坏。

④ 在整个裱糊的施工过程中，严禁非操作人员随意触摸壁纸。

⑤ 电气和其他设备等在进行安装时，应注意保护壁纸，防止污染和损坏。

⑥ 铺贴壁纸时，必须严格按照规程施工，施工操作时要做到干净利落，边缝要切割整齐，胶痕必须及时清擦干净。

3. 施工做法详解

工艺流程

基层处理→吊垂直、套方、找规矩、弹线→计算用料、裁纸→刷胶、糊纸→花纸拼接→壁纸修整。

（1）**基层处理** 如为混凝土墙面，可根据原基层质量的好坏，在清扫干净的墙面上满刮1～2 道石膏腻子（图 5-14），干后用砂纸磨平、磨光；若为抹灰墙面，可满刮大白腻子1～2 道，找平、磨光，但不可磨破灰皮；石膏板墙用嵌缝腻子将缝堵实堵严，粘贴玻璃网格布或丝绸条、绢条等，然后局部刮腻子补平。

图 5-13　墙面壁纸施工现场

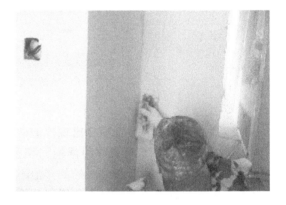

图 5-14　刮腻子

（2）**吊垂直、套方、找规矩、弹线** 首先应在房间四角的阴阳角吊垂直、套方、找规矩，并确定从哪个阴角开始按照壁纸的尺寸进行分块弹线控制（习惯做法是进门左阴角处开始铺贴第一张）。有挂镜线的按挂镜线，没有挂镜线的按设计要求弹线控制。

（3）**计算用料、裁纸** 按已量好的墙体高度放大 2～3cm，按此尺寸计算用料、裁纸（图 5-15），一般应在案子上裁割，将裁好的纸用温湿毛巾擦后，折好待用。

（4）**刷胶、糊纸**　应分别在纸上及墙上刷胶（图 5-16），其刷胶宽度应相吻合，墙上刷胶一次不应过宽。糊纸时从墙的阴角开始铺贴第一张，按已画好的垂直线吊直，并从上往下用手铺平、刮板刮实，并用小辊子将上、下阴角处压实。第一张粘好留 1～2cm（应拐过阴角约 2cm），然后粘铺第二张，依同法压平、压实，与第一张搭槎 1～2cm，要自上而下对缝，拼花要端正，用刮板刮平，用钢板尺在第一、第二张搭槎处切割开，将纸边撕去，边槎处带胶压实，并及时将挤出的胶液用温湿毛巾擦净，然后用同法将接顶、接踢脚的边切割整齐，并带胶压实。墙面上遇有开关、插销盒时，应在其位置上破纸作为标记。在裱糊时，阳角不允许甩槎接缝，阴角处必须裁纸搭缝，不允许整张纸铺贴，避免产生空鼓与皱褶。

图 5-15　裁纸

图 5-16　刷胶

（5）**花纸拼接**

① 纸的拼缝处花形要对接拼搭好。

② 铺贴前应注意花形及纸的颜色力求一致。

③ 墙与顶壁纸的搭接应根据设计要求而定，一般有挂镜线的房间应以挂镜线为界，无挂镜线的房间则以弹线为准。

④ 花形拼接如出现困难时，错槎应尽量甩到不显眼的阴角处，大面不应出现错槎和花形混乱的现象。

（6）**壁纸修整**　糊纸后应认真检查，对墙纸的翘边、翘角、气泡、皱褶及胶痕未擦净等，应修整，使之完善（图 5-17）。

4. 施工总结

① 严禁在已裱糊好壁纸的顶、墙上剔眼打洞。若纯属设计变更，也应采取相应的措施，施工时要小心保护，施工后要及时认真修复，以保证壁纸的完整。

② 二次修补油、浆活及水磨石二次清理打蜡时，注意做好壁纸的保护，防止污染、碰撞与损坏。

③ 胶黏剂按壁纸和壁布的品种选配，并应具有防霉、耐久的性能，如有防火要求，则胶合剂应具有耐高温、不起层的性能。

图 5-17　墙面壁纸修整

④ 壁纸、壁布必须粘贴牢固，表面色泽一致，不得有气泡、空鼓、裂缝、翘边、皱褶、

斑污，斜视时无胶痕。

⑤ 表面平整、无波纹起伏。壁纸、壁布与挂镜线、贴脸板、踢脚板紧接，不得有缝隙。

⑥ 各幅拼接横平竖直，拼接处花纹、图案吻合，不离缝、不搭接，距墙面 1.5m 处正视，不显拼缝。

⑦ 阴阳角垂直，棱角分明。阴角处搭接顺光，阳角处无接缝。

⑧ 裱糊墙面壁纸施工过程中会出现壁纸皱褶的现象。解决方法：如果是在壁纸刚刚粘贴完时就发现有死褶，且胶黏剂未干燥，这时可将壁纸揭下来重新进行裱糊；如胶黏剂已经干透，则需要撕掉壁纸，重新进行粘贴，但施工前一定要把基层处理干净平整。

第六章

门窗与幕墙工程

第一节 ▶ 门窗工程施工

一、木门窗安装

1. 示意图和施工现场图

木门构造示意和安装施工现场分别见图 6-1 和图 6-2。

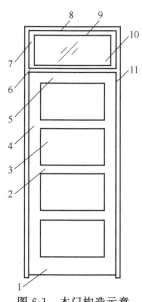

图 6-1 木门构造示意

1—门扇下冒头；2—门扇中冒头；3—门芯板；
4—门扇梃；5—门扇上冒头；6—门框中贯档；
7—腰窗扇梃；8—门框上冒头；9—腰窗扇上
冒头；10—玻璃；11—门框梃

图 6-2 木门安装施工现场

2. 注意事项

① 安装过程中，须采取防水防潮措施。在雨季或湿度大的地区应及时油漆门窗。

② 调整修理门窗时不能硬撬，以免损坏门窗和小五金。

③ 安装工具应轻拿轻放，以免损坏成品。

④ 已装门窗框的洞口，不得再作运料通道，如必须用作运料通道时，必须先加钉护板条。

3. 施工做法详解

工艺流程 >>>>>>

门窗框的安装→门窗扇的安装→门窗小五金的安装。

图 6-3　窗框预先安装

(1) 门窗框的安装

① 门窗框预先安装。窗框预先安装见图 6-3。

a. 根据设计图纸中门窗的平面位置，分别在楼、地面基层上或窗下的墙上画出门窗的中心线。再以门窗中主线为准向两边量出门窗边线，并做好标记。

b. 按设计图纸要求的门窗规格型号，依标记线立起门窗框并用临时支撑固定。支撑的上端应钉在门窗框的上部内侧，下端用砖或其他东西压住，严禁固定在脚手架上。

c. 当设计图纸中没有要求时，外开门窗应立在墙的厚度中间，内开门窗应靠内墙面立框。内墙面有粉刷层时，内开门窗框应凸出内墙面，预留出粉刷层厚度，以便墙面粉刷后与门窗框内表面相平齐。

d. 用水平尺校正框冒头水平度，用吊线坠校正门窗框的下、侧面垂直度，并检查门窗框的标高正确与否。

e. 对等标高的同排门窗，应先立两边的门窗框，然后拉通线立中间门窗框。上下层对应的窗框可用吊线坠或经纬仪从上层沿窗框梃边吊线或画线校核使其对齐。

f. 砌墙时，应及时将涂有防腐剂的木砖砌入墙内木砖位置，同时固定在框上，并检查校正框的垂直度。该层墙体砌过两层木砖时，方可拆除临时支撑。

② 门窗框的后安装。窗框后安装见图 6-4。

a. 主体结构完工后，复查洞口标高、尺寸及木砖位置。

b. 将门窗框用木楔临时固定在门窗洞口内相应位置。

c. 用吊线坠校正框的正、侧面垂直度，用水平尺校正框冒头的水平度。

d. 用砸扁钉帽的钉子将门窗框钉牢在木砖上。钉帽要钉入木框内 1～2mm。每块木砖要钉两处。

(2) 门窗扇的安装　窗扇安装施工见图 6-5。

① 量出樘口净尺寸，考虑留缝宽度。确定门窗扇的高、宽尺寸，先画出中间缝处的中线，再画出边线，并保证梃宽一致，应四边画线。

② 若门窗扇高、宽尺寸过大，则刨去多余部分。修刨时应先锯余头，再行修刨。门窗扇为双扇时，应先做打叠高低缝，并以开启方向的右扇压左扇。

③ 若门窗扇高、宽尺寸过小，可在下边或装合页一边用胶和钉子绑钉刨光的木条。钉帽砸扁，钉入木条内 1～2mm，然后锯掉余头刨平。

④ 平开扇的底边，中悬扇的上下边，上悬扇的下边，下悬扇的上边等与框接触且容易产生摩擦的边，应刨成 1mm 斜面。

图 6-4　窗框后安装

图 6-5　窗扇安装施工

⑤ 试装门窗扇时，应先用木楔塞在门窗扇的下边，然后再检查缝隙，并注意窗楞和玻璃芯子平直对齐。合格后画出合页的位置线，剔槽装合页。

（3）门窗小五金的安装

① 所有小五金必须用木螺钉固定安装，严禁用钉子代替。使用木螺钉时，先用手锤钉入全长的 1/3，接着用螺丝刀拧入。当木门窗为硬木时，先钻孔径为木螺钉直径 90% 的孔，孔深为木螺钉全长的 2/3，然后再拧入木螺钉。

② 铰链距门窗扇上下两端的距离为扇高的 1/10，且避开上下冒头。安好后必须开关灵活。

③ 门锁（图 6-6）距地面高 0.90～1.05m，并错开中冒头和边框的榫头。

④ 门窗拉手应位于门窗扇中线以下，窗拉手距地面 1.5～1.6m。门拉手距地面 0.90～1.05m。

⑤ 门窗拉手（图 6-7）应位于门窗扇框下冒头与窗扇下冒头夹角处，使窗开启后成 90° 角，并使上下各层窗扇开启后整齐划一。

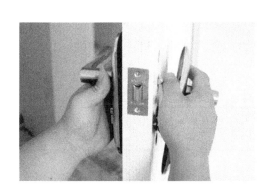

图 6-6　门锁安装施工

图 6-7　门窗拉手安装

⑥ 门插锁位于门拉手下边。装窗插销时应先固定插销底板，再关窗打插销压痕，凿孔打入插销。

⑦ 门窗开启时易碰墙的门，为固定门扇应安装门碰头。

⑧ 小五金应安装齐全，位置适宜，固定可靠。

4. 施工总结

① 立框时掌握好抹灰层厚度，确保有贴脸的门窗框安装后与抹灰面平齐。

② 安装门窗框时必须事先量一下洞口尺寸，计算并调整缝隙宽度，避免门窗框与门窗洞之间的缝隙过大或过小。

③ 木砖的埋置一定要满足数量和间距的要求，即2m高以内的门窗每边不少于3块木砖，木砖间距以0.8~0.9m为宜；2m高以上的门窗框，每边木砖间距不大于1m，以保证门窗框安装牢固。

④ 安装合页时，合页槽应里平外卧，木螺钉严禁一次钉入，钉入深度不能超过螺钉长度的1/3，拧入深度小于2/3，拧时不能倾斜。若遇木节，可在木节上钻孔，重新塞入木塞后再拧紧木螺钉。这样才能保证铰链平整，木螺钉拧紧卧平。

⑤ 门窗扇安装应裁口顺直，刨面平整光滑，开关灵活、稳定，无回弹和倒翘。

⑥ 门窗小五金安装应位置适宜，槽深一致，边缘整齐，尺寸准确。小五金安装齐全，规格符合要求，木螺钉拧紧卧平，插销关启灵活。

⑦ 门窗披水、盖口条、压缝条、密封条的安装应尺寸一致，平直光滑，与门窗结合牢固严密，无缝隙。

⑧ 木门窗安装的允许偏差及检验方法见表6-1。

表6-1　木门窗安装的允许偏差及检验方法

项目		允许偏差、留缝宽度/mm		检验方法
		Ⅰ级	Ⅱ、Ⅲ级	
框的正、侧面垂直度		3		用1m拖线板检查
框的对角线长度差		2	3	尺量检查
框与扇、扇与扇接触处高低差		2		用直尺和楔形塞尺检查
门窗扇对口和扇与框间留缝宽度		1.5~2.5		用楔形塞尺检查
厂房双扇大门对口留缝宽度		2~5		
框与扇上缝留缝宽度		1.0~1.5		
窗扇与下槛间留缝宽度		2~3		
门扇与地面间留缝宽度	外门	4~5		
	内门	6~8		
	卫生间门	10~12		
	厂房大门	10~320		
门扇与下槛间留缝宽度	外门	4~5		
	内门	3~5		

二、钢门窗安装

1. 示意图和施工现场图

不带副框涂色镀锌钢板门窗安装节点示意和钢门窗施工现场分别见图6-8和图6-9。

2. 注意事项

① 安装钢门窗过程中，坚决禁止将钢门窗铁脚用气焊烧去或将铁脚打弯勉强塞入预留

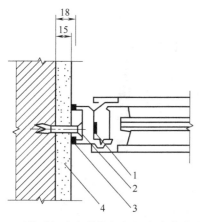

图 6-8　不带副框涂色镀锌钢板门窗安装节点示意

1—塑料盖；2—膨胀螺钉；3—密封膏；4—水泥砂浆

图 6-9　钢门窗施工现场

孔内。

② 钢门窗安装时，必须按操作工艺进行，施工前一定要画线定位，按钢门窗的边线和水平线安装，使钢门窗上下顺直，左右标高一致。

③ 安装时要使钢门窗垂直方正，对门窗扇劈棱和窜角必须及时调整；抹灰时不能吃口影响门窗的开关灵活，口角要方正，碴脸不下垂，凸线平直，以确保门窗开关灵活，开启方向到位。

④ 钢门窗调整、找方或补焊、气割等必须认真仔细，焊药药皮必须砸掉，补焊处用钢锉锉平，并及时补刷防锈漆，以确保工程质量。

⑤ 安装钢窗时，必须认真核对窗型号，符合要求后再安装。堆放时注意对钢窗披水的保护，以免损坏钢窗披水。

⑥ 钢门窗与五金配件必须同时配套进场，以满足使用并应考虑合理的损耗率，一次加工订货备足，以保证门窗五金配件齐全、配套。

⑦ 钢门窗五金配件安装一般应在末道油漆完成后进行。但为保证钢门窗及玻璃安装的质量，可在玻璃装好后及时把门窗扳手装上，以防止刮风损坏门窗玻璃。

3. 施工做法详解

`工艺流程` ▶▶▶▶

画线定位→钢门窗就位→钢门窗固定→裁纱、绷纱→刷油漆→五金配件的安装→钢门窗玻璃的安装。

(1) 画线定位

① 图纸中门窗的安装位置、尺寸和标高，以门窗中线为准向两边量出门窗边线。如果工程为多层或高层时，以顶层门窗安装位置线为准，用线坠或经纬仪将顶层分出的门窗边线标画到各楼层相应位置。

② 从各楼层室内+50cm 水平线量出门窗的水平安装线。

③ 依据门窗的边线和水平安装线做好各楼层门窗的安装标记。

(2) 钢门窗就位（图 6-10）

① 按图纸中要求的型号、规格及开启方向等，将所需要的钢门窗搬运到安装地点，并

垫靠稳当。

②将钢门窗立于图纸要求的安装位置，用木楔临时固定，将其铁脚插入预留孔中，然后根据门窗边线、水平线及距外墙皮的尺寸进行支垫，并用拖线板靠吊垂直。

③钢门窗就位时，应保证钢门窗上框距过梁有20mm的缝隙，框左右缝宽一致，距外墙皮尺寸符合图纸要求。

④阳台门连窗，可先拼装后再进行安装，也可分别安装门和窗、现拼现装，总之应做到位置正确、找正、吊直。

(3) 钢门窗固定 （图6-11）

①钢门窗就位后，校正其水平和正、侧面垂直，然后将上框铁脚与过梁预埋件焊牢，将框两侧

图6-10　钢门窗就位

铁脚插入预留孔内，用水把预留孔内湿润，用1∶2较硬的水泥砂浆或C20细石混凝土将其填实后抹平。终凝前不得碰动框扇。

②三天后取出四周木楔，用1∶2水泥砂浆把框与墙之间的缝隙填实，与框同平面抹平。

③若为钢大门时，应将合页焊到墙中的预埋件上。要求每侧预埋件必须在同一垂直线上，两侧对应的预埋件必须在同一水平位置上。

图6-11　钢门窗固定

(4) 裁纱、绷纱　裁纱要比实际尺寸每边各长50mm，以利压纱。绷纱时先将纱铺平，将上压条压好、压实，用机螺钉拧紧，将纱拉平绷紧装下压条，拧螺钉，然后再装两侧压条，用机螺钉拧紧，将多余的纱用扁铲割掉，要切割干净不留纱头。

(5) 刷油漆

①纱扇油漆：绷纱前应先刷防锈漆一道、调和漆一道。绷纱后在安装前再刷油漆一道，其余两道调和漆待安装后再刷。

②钢门窗油漆应在安装前刷好防锈漆和头道调和漆，安装后与室内木门窗一起再刷两道调和漆。

③ 门窗五金应待油漆干后安装；如需先行安装时，应注意防止污染和丢失、损坏。

（6）五金配件的安装

① 检查窗扇开启是否灵活，关闭是否严密，如有问题必须调整后再安装。

② 在开关零件的螺孔处配置合适的螺钉，将螺钉拧紧（图6-12）。当拧不进去时，检查孔内是否有多余物。若有，将其剔除后再拧紧螺钉。当螺钉与螺孔位置不吻合时，可略挪动位置，重新攻螺纹后再安装。

③ 钢门锁的安装按说明书及施工图要求进行，安放后锁应开关灵活。

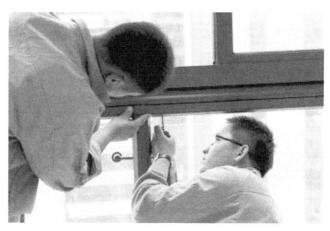

图 6-12　螺钉安装

（7）**钢门窗玻璃的安装**　将玻璃装进框口内轻压使玻璃与底油灰粘住，然后沿裁口玻璃边外侧装上钢丝卡，钢丝卡要卡住玻璃，其间距不得大于300mm，且框口每边至少有两个。经检查玻璃无松动时，再沿裁口全长抹油灰，油灰应抹成斜坡，表面抹光抹平。如框口玻璃采用压条固定时，则不抹底油灰，先将橡胶垫嵌入裁口内，装上玻璃（图6-13），随即装压条用螺钉固定。

4. 施工总结

施工中可能遇到的问题及可能原因、处理办法如下。

① 翘曲和窜角。钢门窗加工质量有个别口扇不符标准；在运输堆放时不仔细、不认真保管；安装时垂直平整自检不够。安装前应认真进行检查，发现翘曲和窜角应及时校正修理，修好后再进行安装。

图 6-13　窗户玻璃安装施工

② 铁脚固定不符合要求。原预留固定铁脚位置不符，安装前又没有检查和处理，在安装时有的任意将铁脚用气焊烧去，有的将铁脚打弯后勉强塞入孔内，严重影响钢窗安装的牢固度。

③ 上、下钢门窗不顺直，左右钢门窗标高不一致。没按操作工艺的施工要点进行，施工前没找规矩，安装时没挂线。

④ 钢门窗开关不灵活。抹灰时吃口影响其使用的灵活性；安装时垂直方正没找好，有的门窗劈棱、窜角，也没经过修理。要求在钢门窗安装后进行开关试验检查，看是否灵活，对影响开关的抹灰层应剔去重新补抹，对门窗扇劈棱和窜角的应调整。

⑤ 开启方向不到位。抹灰的口角不方正，或抹的碹脸下垂，凸线不直，将直接影响门窗的开启。要求抹灰时严格按验评标准施工，对不合格的点要修好后再交木工安装门窗。

⑥ 钢门窗的调整、找方或补焊、气割等处理不认真，焊药药皮不砸去，补焊处不用钢锉锉平，不补刷防锈漆。

⑦ 钢窗披水不全。有的安装时窗号使用错误，钢窗保管不好。应认真核对窗号，符合要求后再安装，并在堆放时注意对披水的保护。

⑧ 五金配件不齐全、不配套，施工时丢失，二次找补与原牌号不符。要求钢门窗与五金配件同时加工配套进场，并考虑合理的损坏率，一次加工订货备足。

⑨ 纱扇绷纱粗糙，纱头外露。压纱条与门窗扇裁口不配套，孔径过大，纱压得不紧，或纱头外露。

⑩ 钢门窗安装的允许偏差和检验方法见表 6-2。

表 6-2　钢门窗安装的允许偏差和检验方法

项目		允许偏差/mm	检验方法
门窗槽口宽度、高度	≤1500mm	±2.5	用 3m 钢卷尺检查
	≥1500mm	±2.5	
门窗槽口对角线尺寸之差	≤2000mm	≤5	用 3m 钢卷尺检查
	>2000mm	≤6	
门扇框扇配合间隙的限值	合页面	≤2	用 2×50 塞片检查，量页面用
	把手面	≤1.5	用 2×50 塞片检查，量框大面
门窗框扇搭接量的限值	实腹门窗	≥2	用钢针画线和深度尺检查
	空腹门窗	≥4	
门窗框(含拼樘料)的垂直度		≤3	用 1m 拖线板检查
门窗框(含拼樘料)的水平度		≤3	用 1m 水平尺和楔形塞尺检查
门无下槛时内门扇与地面间隙留缝限值		4~8	用楔形塞尺检查
双层门扇内外框樘(含拼樘料)的中心距		≤5	用钢板尺检查
门窗横框标高		≤5	用钢板尺检查
门窗竖向偏离中心		≤4	用线坠、钢板尺检查

三、铝合金门窗安装

1. 示意图和施工现场图
铝合金门窗安装节点和施工现场分别见图 6-14 和图 6-15。

2. 注意事项
① 采用多组组合铝合金门窗时注意拼装质量，拼头应平整，不劈棱、不窜角。

② 施工时必须严格做好产品保护，及时补封破损掉落的保护胶纸和薄膜，及时清除溅落在门窗表面的灰浆污物，以免铝合金门窗面层污染咬色。

③ 门窗玻璃厚度与扇樘镶嵌槽及密封条的尺寸配合要符合国家标准及设计要求，安装密封条时要留有伸缩余地，以免密封条脱落。

④ 门窗表面胶污尘迹应用专门溶剂或用棉纱蘸干净水清洗掉，填嵌密封胶。多余的痕迹要及时清理掉，不得划伤铝合金门窗表面，并确保完工的铝合金门窗表面整洁美观。

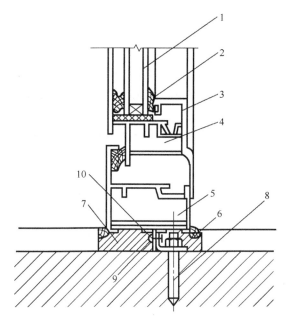

图 6-14　铝合金门窗安装节点

1—玻璃；2—橡胶条；3—压条；4—内扇；5—外框；

6—密封膏；7—保温材料；8—膨胀螺栓；9—铆钉；10—塑料垫

图 6-15　铝合金窗安装施工现场

3. 施工做法详解

工艺流程

　　画线定位→确定墙厚方向的安装位置→铝合金窗披水安装→防腐处理→铝合金门窗框的安装就位→铝合金门窗的固定→门窗框与墙体缝隙的处理→铝合金门框的安装→地弹簧座的安装→门窗扇及玻璃的安装→安装五金配件。

（1）画线定位

　　① 根据设计图纸中门窗的安装位置、尺寸和标高，依据门窗中线向两边量出门窗边线。若为多层或高层建筑时，以顶层门窗边线为准，用线坠或经纬仪将门窗边线下引，并在各层

门窗口处画线标记，对个别不直的口边应剔凿处理。

②门窗的水平位置应以楼层室内的+50cm水平线为准向上反量出窗下皮标高，弹线找直。每一层必须保持窗下皮标高一致。

（2）确定墙厚方向的安装位置　根据外墙大样图及窗台板的宽度，确定铝合金门窗在墙厚方向的安装位置；如外墙厚度有偏差时，原则上应以同一房间窗台板外露尺寸一致为准，窗台板应伸入铝合金窗的窗下5mm为宜。

（3）铝合金窗披水安装　按施工图纸要求将披水固定在铝合金窗上（图6-16），且要保证位置正确、安装牢固。

图6-16　铝合金窗披水安装

（4）防腐处理

①门窗框两侧的防腐处理应按设计要求进行。如设计无要求时，可涂刷防腐材料，如橡胶型防腐涂料或聚丙烯树脂保护装饰膜，也可粘贴塑料薄膜进行保护，避免填缝水泥砂浆直接与铝合金门窗表面接触，产生电化学反应，腐蚀铝合金门窗。

②铝合金门窗安装时若采用连接铁件固定，铁件应进行防腐处理，连接件最好选用不锈钢件。

（5）铝合金门窗框的安装就位（图6-17）　根据画好的门窗定位线安装铝合金门窗框，并及时调整好门窗框的水平、垂直及对角线长度等符合质量标准，然后用木楔临时固定。

图6-17　铝合金门窗框的安装就位

（6）铝合金门窗的固定

① 当墙体上预埋有铁件时，可直接把铝合金门窗的铁脚与墙体上的预埋铁件焊牢，焊接处需做防锈处理。

② 当墙体上没有预埋铁件时（图6-18），可用金属膨胀螺栓或塑料膨胀螺栓将铝合金门窗的铁脚固定到墙上。也可用电钻在墙上打80mm深、直径为6mm的孔，用L形80mm×50mm的 φ6 钢筋，在长的一端粘涂108胶水泥浆，然后打入孔中。待108胶水泥浆终凝后，再将铝合金门窗的铁脚与埋置的 φ6 钢筋焊牢。

（7）**门窗框与墙体缝隙的处理** 铝合金门窗固定好后，应及时处理门窗框与墙体缝隙。如设计未规定填塞材料的品种时，应采用矿棉或玻璃棉毡条分层填塞缝隙，外表面留5～8mm深槽口填嵌嵌缝膏，严禁用水泥砂浆填塞。在门窗框两侧进行防腐处理后，可填嵌设计指定的保温材料和密封材料（图6-19）。待铝合金窗和窗台板安装后，将窗框四周的缝隙同时填嵌，填嵌时用力不应过大，防止窗框受力后变形。

图6-18 墙体上没有预埋铁件

图6-19 密封材料安装

（8）**铝合金门框的安装**

① 将预留门洞按铝合金门框尺寸提前修理好。

② 在门框的侧边固定好连接铁件（或木砖）。

③ 门框按位置立好，找好垂直度及几何尺寸后，用射钉或自攻螺钉将其门框与墙体预埋件固定。

④ 用保温材料填嵌门框与砖墙（或混凝土墙）的缝隙。

⑤ 用密封膏填嵌墙体与门窗框边的缝隙。

（9）**地弹簧座的安装** 根据地弹簧的安装位置，提前剔洞，将地弹簧放入剔好的洞内，用水泥砂浆固定。

地弹簧的安装质量必须保证：地弹簧座的上皮一定与室内地坪一致；地弹簧的转轴轴线一定要与门框横料的定位销轴心线一致。

（10）**门窗扇及玻璃的安装**

① 门窗扇和门窗玻璃应在洞口墙体表面装饰完工验收后安装。

② 推拉门窗在门窗框安装固定后，将配好玻璃的门窗扇整体安入框内滑槽，调整好与扇的缝隙即可。

③ 铝合金框扇安装玻璃前，应清除铝合金框槽口内的所有灰渣、杂物等，畅通排水孔。

在框口下边槽口放入橡胶垫块，以免玻璃直接与铝合金框接触。

④ 安装玻璃时，使玻璃在框口内准确就位，玻璃安装在凹槽内，内外侧间隙应相等，间隙宽度一般在 2～5mm。

⑤ 采用橡胶压条固定玻璃时，先用 10mm 长的橡胶压条断续地将玻璃挤住，再在胶条上注入密封胶，密封胶要连续注满在周边凹槽内，要注得均匀。

⑥ 采用橡胶压条固定玻璃时，先将橡胶压条嵌入玻璃两侧密封，然后将玻璃挤住，再在其上面注入密封胶（图 6-20）。

图 6-20　注入密封胶

⑦ 采用橡胶压条固定玻璃时，先将橡胶压条嵌入玻璃两侧密封，然后将玻璃挤紧，上面不再注密封胶。橡胶压条长度不得短于所需嵌入长度，不得强行嵌入胶条。

⑧ 地弹簧门应在门框及地弹簧主机入地安装固定后再安门扇。先将玻璃嵌入门扇格架并一起入框就位，调整好框扇缝隙，最后填嵌门扇玻璃的密封条及密封胶。

（11）**安装五金配件**　五金配件与门窗连接用镀锌螺钉。安装的五金配件应结实牢固，使用灵活。

4. 施工总结

① 铝合金门窗扇安装应符合以下规定。

a. 平开门窗扇关闭严密，间隙均匀，开关灵活。

b. 推拉门窗扇关闭严密，间隙均匀，扇与框搭接量应符合设计要求。

c. 弹簧门扇自动定位准确，开启角度为 $90.0°±1.5°$，关闭时间在 6～10s 范围内。

② 铝合金门窗附件安装齐全，安装位置正确、牢固、灵活适用，可实现各自的功能，端正美观。

③ 铝合金门窗框与墙体间的缝隙填嵌饱满密实，表面平整、光滑、无裂缝，填塞材料、方法符合设计要求。

④ 铝合金门窗表面洁净，无划痕、碰伤，无锈蚀；涂胶表面光滑、平整，厚度均匀，无气孔。

⑤ 铝合金门窗安装的允许偏差及检验方法见表 6-3。

表 6-3　铝合金门窗安装的允许偏差及检验方法

项目		允许偏差	检验方法
门窗槽口宽度、高度/mm	≤2000	±1.5	用 3m 钢卷尺检查
	>2000	±2	

项目		允许偏差	检验方法
门窗槽口对边尺寸之差/mm	≤2000	≤2	用3m钢卷尺检查
	>2000	≤2.5	
门窗槽口对角线尺寸之差/mm	≤2000	≤2	用3m钢卷尺检查
	>2000	≤3	
门窗框(含拼樘料)的垂直度/mm	≤2000	≤2	用线坠、水平靠尺检查
	>2000	≤2.5	
门窗框(含拼樘料)的水平度/mm	≤2000	≤1.5	用水平靠尺检查
	>2000	≤2	
门窗框扇搭接宽度差/mm	≤2m²	±1	用深度尺或钢板尺检查
	>2m²	±1.5	
门窗开启力/N		≤60	用100N弹簧秤检查
门窗横框标高/mm		≤5	用钢板尺检查
门窗竖向偏离中心/mm		≤5	用线坠、钢板尺检查
双层门窗内外框、框(含拼樘料)中心距/mm		≤4	用钢板尺检查

四、玻璃门安装

1. 施工现场图

玻璃门安装施工现场见图 6-21。

图 6-21　玻璃门安装施工现场

2. 注意事项

① 玻璃门安装时，要轻拿轻放，严禁相互碰撞。避免扳手、钳子等工具碰坏玻璃门。

② 安装好的玻璃门应避免硬物碰撞，避免硬物擦划，保持清洁不污染。

③ 玻璃门的材料进场后，应在室内竖直靠墙排放，并靠放稳当。

④ 安装好的玻璃门或其拉手上，严禁悬挂重物。

3. 施工做法详解

工艺流程 >>>>>

固定玻璃板的安装→活动门扇的安装。

(1) 固定玻璃板的安装（图6-22）

① 用玻璃吸盘器把裁切好、倒好角的玻璃板吸紧，然后手握吸盘器把玻璃板抬起，插入门框顶部的限位槽内后放到底托上，并调整好安装位置，使玻璃板边部正好盖住门框立柱的不锈钢或其他饰面的对缝口，接着在木底托上钉另一侧木条，把玻璃板固定在木底板上。在木条上涂刷万能胶，将该侧不锈钢饰面或其他饰面粘卡在木方上。

图6-22　固定玻璃板安装施工

② 在门框顶部限位槽处和底托固定处、玻璃板与门框立柱接缝处注入密封胶。注胶时，紧握注射枪压柄的手用力要均匀，从缝隙的端头开始，顺着缝隙均匀缓缓地移动，使密封胶在缝隙处形成一条表面均匀的直线。最后用塑料片刮去多余的密封胶，并用干净布擦去胶迹。

③ 门上固定玻璃板往往一块是不够的，必须用两块或多块来对接。对接时，对接缝应留2～3mm的距离，玻璃的边必须倒角。对接的玻璃定位并固定后，用注射枪将密封胶注入缝隙中，注满后用塑料片在玻璃两侧刮平密封胶，用干净布擦去胶迹。

(2) 活动门扇的安装（图6-23）

① 用吊线坠测量地弹簧与门框横梁上定位销中心是否在同一直线上。若不在同一直线上，必须及时处理使其同轴线。

② 在门扇的上下横档内画线，并依线和地弹簧安装说明书固定转动销的销孔板及地弹簧的转动轴连接板。

③ 门扇玻璃四周应倒角处理，并加工好安装门把手的孔洞。应注意门扇玻璃的高度尺寸，必须包括插入上下横档的安装部分。一般门扇玻璃的裁切尺寸应小于实测尺寸5mm，以便调节（通常在购买厚玻璃时就要求把门扇玻璃加工好）。

图6-23　活动门扇安装施工

④ 把上下横档分别装在玻璃门扇的上下边，并实测门扇高度。如果门扇高度不够，可向上下横档内的玻璃底下垫木夹板条；如果门扇高度超过安装尺寸，可裁去门扇玻璃的多余部分。

⑤ 在确定好门扇高度之后，即可固定上下横档。即在门扇玻璃与金属上下横档内的两

侧空隙处，同时从两边插入小木条，并轻轻打入其中，然后在小木条、扇玻璃的缝隙中注入密封胶。

⑥ 门扇定位安装：先用门框横梁上定位销自身的调节螺钉把定位销调出横梁平面1～2mm。再竖起玻璃门扇，将门扇下横档内的转动销连接件的孔位对准地弹簧的转动销轴，并转动门扇将孔位套入销轴上。然后以销轴为轴心，把门扇转90°，使门扇与门框横梁成直角。此时把门扇上横档的转动连接件的孔，对准门框横梁上的定位销，并把定位销调出插入门扇上横档转动销连接件的孔内15mm。

⑦ 玻璃门拉手的安装（图6-24）：先在拉手插入玻璃的部分涂一点密封胶，然后将拉手的连接部位插入玻璃门的拉手孔内，再将另一面拉手套入伸出玻璃另一面的连接部位上，并使其两面拉手根部与门扇玻璃贴紧后，再上紧固定螺钉，以保证拉手没有丝毫松动现象。如果太松，可在插入部分裹上软质胶带。

图6-24　玻璃门拉手施工现场

4. 施工总结

① 门框横梁上的固定玻璃的限位槽应宽窄一致，纵向顺直。一般限位槽宽度大于玻璃厚度2～4mm，槽深10～20mm，以便安装玻璃板时顺利插入，在玻璃两边注入密封胶，把固定玻璃安装牢固。

② 在木底托上钉固定玻璃板的木板条，应在距玻璃4mm的地方，以便饰面板能包住木板条的内侧，便于注入密封胶，确保外观大方，内在牢固。

③ 活动门扇没有门扇框，门扇的开闭是由地弹簧和门框上的定位销实现的，地弹簧和定位销与门扇的上下横档铰接。因此地弹簧与定位销和门扇横档一定要铰接好，并确保地弹簧转轴与定位销中心在同一条垂线上，以便玻璃门扇开关自如。

④ 玻璃门倒角时，四个角要特别小心，用手握砂轮块，慢慢磨角，避免崩边崩角。

⑤ 由于玻璃较厚，玻璃块质量较大，因此固定玻璃板或玻璃门抬起安装，必须2～3人同时进行，以免摔坏或碰坏。

⑥ 玻璃门安装的允许偏差和检验方法见表6-4。

表6-4　玻璃门安装允许偏差和检验方法

项目	允许偏差/mm	检验方法
活动门扇洞口对角线差	3	用钢卷尺检查
门扇对口缝关闭时平整度	1	用深度尺检查

项目	允许偏差/mm	检验方法
固定玻璃对接缝处平整度	1	用深度尺检查
固定玻璃对接缝处留缝限值	3	用楔形塞尺检查
门扇与固定玻璃或门框立柱、地面间缝，门扇对口缝之间留缝限值	8	用楔形塞尺检查
门扇与门框横梁间留缝限值	3	用楔形塞尺检查
玻璃门的垂直度	2	用1m拖线板检查
玻璃门的水平度	1.5	用1m水平尺和楔形塞尺检查

五、塑料门窗安装

1. 示意图和施工现场图

塑料窗框与墙体的连接点布置和塑料窗框安装施工现场见图6-25和图6-26。

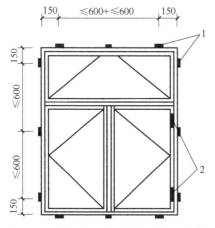

图6-25 塑料窗框与墙体的连接点布置

1—连接点；2—铰接

图6-26 塑料窗框安装施工现场

2. 注意事项

施工中易遇到的问题及解决方法如下。

① 运输保管不当造成门窗变形：装卸门窗应轻拿、轻放，不得撬、甩、摔。安装工程中所用的门窗部件、配件、材料等在运输、施工和保管过程中，应采取防止其损坏和变形的措施。

② 配件材料与聚氯乙烯型材兼容问题：与聚氯乙烯型材直接接触的五金件、紧固件、密封条、玻璃、密封胶等材料，其性能与PVC塑料应具有相容性。

③ 门窗洞口预留方法不当：门窗应采用预留洞口法安装，不得采用边安装边砌口或先安装后砌口的方法。

④ 门窗框不正：安装前弹线找正，照线立框；正式固定前，应检验门窗框是否垂直。

⑤ 门窗框周边缝隙过大或过小：预留门窗洞口尺寸与门窗框外尺寸之差应符合留缝规定，缝隙过大或过小必须先修整再安装门窗框。

⑥ 安装时产生门窗变形：临时固定时，木楔、垫块切忌盲目塞紧，防止门窗框产生变

形。填充门窗框与洞口间隙时，不能用力过大，使门窗框受挤变形。

⑦ 塑料门窗面层污染、腐蚀：塑料门窗施工时贴保护膜进行保护，施工中应注意不得损坏保护膜。并及时对门窗面层进行清理。

⑧ 门窗渗水：塑料门窗与墙体连接处注胶应采用质量合格的防水密封胶；平开窗应安装披水；推拉窗应设置排水孔；外窗台抹灰层应低于内窗台，避免倒坡。

⑨ 外观颜色不一致：塑料门窗进场应严格验收，避免色差过大；施工时注意保护面层，防止损坏。

3. 施工做法详解

工艺流程 ▶▶▶▶

弹线定位→门窗洞口处理→安装固定片→门窗框就位和临时固定→门窗框安装固定→门窗框与墙体间隙的处理→门窗扇安装→五金配件安装→清理及清洗。

（1）弹线定位

① 沿建筑物全高用大线坠（高层建筑宜采用经纬仪或全站仪找垂直线）引测门洞边线，在每层门窗口处画线标记。

② 逐层抄测门窗洞口距门窗边线实际距离，需要进行处理的应做记录和标识。

③ 门窗的水平位置应以楼层室内+500mm线为准向上反量出窗下皮标高，弹线找直。每一层窗下皮必须保持标高一致。

④ 墙厚方向的安装位置应按设计要求和窗台板的宽度确定。原则上以同一房间窗台板外露尺寸一致为准。

（2）门窗洞口处理

① 门窗洞口偏位、不垂直、不方正的要进行剔凿或抹灰处理。

② 洞口尺寸允许偏差应符合表6-5的规定。

表6-5　洞口尺寸允许偏差

项目	允许偏差/mm
洞口高度、宽度	±5
洞口对角线长度差	±5
洞口侧边垂直度	1.5/1000且不大于2
洞口中心线与基准线	±5
洞口下平面标高	±5

（3）安装固定片

① 固定片采用厚度大于等于1.5mm、宽度大于等于15mm的镀锌钢板。安装时应采用直径为3.2mm的钻头钻孔，然后将十字盘头自攻螺钉M4×20mm拧入，不得直接锤击钉入。

② 固定片（图6-27）的位置应距窗角、中竖框、中横框150～200mm，固定片之间的间距不大于600mm，不得将固定片直接装在中横框、中竖框的档头上。

（4）门窗框就位和临时固定

① 根据画好的门窗定位线，安装门窗框。

② 当门窗框装入洞口时，其上、下框中线与洞口中线对齐。

③ 门窗框的水平、垂直及对角线长度等符合质量标准，然后用木楔临时固定。

（5）门窗框安装固定（图6-28）

① 窗框与墙体洞口的连接要牢固、可靠，固定点的间距应不大于600mm，距窗角距离不应大于200mm（以150～200mm为宜）。

② 门窗框与墙体固定应按对称顺序，将已安装好的固定片与洞口四周固定，先固定上下框，然后固定边框，固定方法应符合下列要求。

a. 混凝土墙洞口应采用射钉或塑料膨胀螺钉固定。

b. 砖墙洞口应采用塑料膨胀螺钉或水泥钉固定，并不得固定在砖缝上。

c. 加气混凝土洞口应采用木螺钉将固定片固定在防腐木砖上。

d. 设有预埋铁件的洞口应采用焊接方法固定，也可先在预埋件上按紧固件规格打基孔，然后用紧固件固定。

图6-27　固定片

图6-28　门窗框安装固定

③ 门窗框与墙体无论采取何种方法固定，均需结合牢固，每个连接件的伸出端不得少于两只螺钉固定。同时，还应使门窗框与洞口墙之间的缝隙均等。

④ 也可采用膨胀螺钉直接固定法。用膨胀螺钉直接穿过门窗框将框固定在墙体或地面上。该方法主要适用于阳台封闭窗框及墙体厚度小于120mm安装门窗框时使用。

（6）门窗框与墙体间隙的处理

① 塑料门窗框安装固定后，进行隐蔽工程验收。

② 验收合格后，及时按设计要求处理门窗框与墙体之间的间隙。如果设计未要求时，可选用发泡胶、弹性聚苯保温材料及玻璃岩棉条进行分层填塞。外表留5～8mm深槽口填嵌嵌缝油膏或密封胶（图6-29）。

图6-29　填充密封材料

③ 塑料窗应在窗台板安装后将上缝、下缝同时填嵌，填嵌时不可用力过大，防止窗框受力变形。

（7）门窗扇安装

① 平开门窗扇安装：应先在厂内剔好框上的铰链槽，到现场再将门窗扇装入框中，调整扇与框的配合位置，并用铰链将其固定，然后复查开关是否灵活自如。

② 推拉门窗扇（图 6-30）安装：由于推拉门窗扇与框不连接，因此对可拆卸的推拉扇，应先安装好玻璃后再安装门窗扇。

③ 对出厂时框、扇就连在一起的平开塑料门窗，则可将其直接安装，然后再检查开启是否灵活自如，如发现问题，则应进行必要的调整。

图 6-30 推拉门窗

（8）五金配件安装

① 安装五金配件时，应先在框扇杆件上用手电钻打出略小于螺钉直径的孔眼，然后用配套的自攻螺钉拧入，严禁用锤直接打入。

② 塑料门窗的五金配件应安装牢固，位置端正，使用灵活。

（9）清理及清洗

① 在安装过程中塑料门框表面应有保护塑料胶纸，并要及时清理门窗框、扇及玻璃上的水泥砂浆、灰水、打胶材料及喷涂材料等，以免对铝合金门窗造成污染。

② 在粉刷等装修工程全部完成准备交工前，将保护胶纸撕去，并对门窗进行清洗。

③ 塑料门窗上一旦沾有污物时，要立即用软布擦拭干净，切忌用硬物刮除。

4. 施工总结

① 塑料门窗框、副框和扇的安装必须牢固。固定片或膨胀螺栓的数量与位置应正确，连接方式应符合设计要求。固定点应距窗角、中横框、中竖框 150～200mm，固定点间距应不大于 600mm。在砌体上安装门窗严禁用射钉固定。

② 塑料门窗拼樘料内衬增强型钢的规格、壁厚必须符合设计要求，型钢应与型材内腔紧密吻合，其两端必须与洞口固定牢固。

③ 窗框必须与拼樘料连接紧密，固定点间距应不大于 600mm。

④ 塑料门窗扇应开关灵活、关闭严密，无倒翘。推拉门窗扇必须有防脱落措施，扇与框的搭接量应符合设计要求。

⑤ 塑料门窗配件的型号、规格、数量应符合设计要求，安装应牢固，位置应正确，功能应满足使用要求。

⑥ 塑料门窗框与墙体之间的缝隙应采用闭孔弹性材料填嵌饱满，表面应采用密封胶密封。密封胶应黏结牢固，表面应光滑、顺直，无裂纹。

⑦ 塑料门窗安装的允许偏差和检验方法见表 6-6。

表 6-6 塑料门窗安装的允许偏差和检验方法

项目		允许偏差/mm	检验方法
门窗槽口宽度、高度	≤1500mm	2	用钢尺检查
	>1500mm	3	

项目		允许偏差/mm	检验方法
门窗槽口对角线长度差	≤2000mm	3	用钢尺检查
	>2000mm	5	
门窗框的正、侧面垂直度		3	用1m垂直检测尺检查
门窗横框的水平度		3	用1m垂直检测尺检查
门窗横框标高		5	用钢尺检查
门窗竖向偏离中心		5	用钢直尺检查
双层门窗内外框间距		4	用钢尺检查
同樘平开门窗相邻扇高度差		2	用钢直尺检查
平开门窗铰链部位配合间隙		+2,−1	用塞尺检查
推拉门窗扇与框搭接量		+1.5,−2.5	用钢直尺检查
推拉门窗扇与竖框平行度		2	用1m水平尺和塞尺检查

第二节 ▶ 幕墙工程施工

一、明框玻璃幕墙安装

1. 示意图和施工现场图

玻璃幕墙立柱固定节点大样和明框玻璃幕墙安装施工现场分别见图 6-31 和图 6-32。

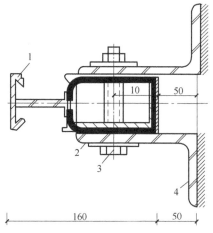

图 6-31　玻璃幕墙立柱固定节点大样

1—幕墙竖框；2—铝合金套管；

3—M16×130 不锈钢螺柱；4—127×89×9.5 角钢

图 6-32　明框玻璃幕墙安装施工现场

2. 注意事项

① 玻璃幕墙的构件和密封等应制订保护措施，不得使其发生变形、变色、污染和排水管堵塞等现象。

② 施工中幕墙及其构件表面的黏附物应及时消除。

③ 幕墙工程安装完成后，应制订清扫方案。

④ 清洗玻璃和铝合金件的中性清洁剂，应进行腐蚀性检验。中性清洁剂清洗后应及时用清水冲洗干净。

3. 施工做法详解

工艺流程

弹线→幕墙立柱安装→幕墙横梁安装→幕墙立柱的调整、紧固→玻璃安装→幕墙与主体结构之间的缝隙处理→幕墙伸缩缝→幕墙上的开启窗→抗渗漏试验。

（1）**弹线** 根据建筑物轴线弹出纵横轴基准线和水平标高线。

（2）**幕墙立柱安装** 先将连接件与幕墙立柱连接。然后以基准线为准，确定好立柱位置，并调整好垂直后，把连接件与表面清理干净的结构预埋件临时点焊在一起。若结构没有预埋件，可用膨胀螺栓把立柱与结构连接起来。

（3）**幕墙横梁安装** 将横梁两端的连接件及弹性橡胶垫安装在立柱的预定位置，并应安装牢固，接缝严密。同一层的横梁安装应由下向上进行，当安装完一层高度时，应进行检查、调整、校正、固定，使其符合质量要求。

（4）**幕墙立柱的调整、紧固** 玻璃幕墙立柱（图 6-33）、横梁全部就位后，应再做一次整体检查，对立柱局部不合适的地方做最后调整，使其达到设计要求。对临时点焊的部位进行正式焊接。坚固连接螺栓，对没有防松措施的螺栓均需点焊防松。所有焊缝清理干净后做防锈处理。玻璃幕墙中与铝合金接触的螺栓及金属配件应采用不锈钢或轻金属制品。不同金属的接触面应采用垫片做隔离处理。

图 6-33 幕墙立柱安装

（5）**玻璃安装（图 6-34）** 玻璃安装前应将表面尘土和污物擦拭干净。热反射玻璃安装应将镀膜面朝向室内，非镀膜面朝向室外；玻璃与构件不得直接接触。玻璃四周与构件凹槽宽度应相同，长度不小于 100mm；玻璃两边嵌入量及空隙应符合设计要求；玻璃四周橡胶条应按规定型号选用，镶嵌应平整，橡胶条长度宜比边框内框口长 1.5%～2%，其断口应留在四角；斜面断开后应拼成预定的设计角度，并应用胶黏剂黏结牢固后嵌入槽内。在橡胶条隙缝中均匀注入密封胶，并及时清理缝外多余黏胶。

（6）**幕墙与主体结构之间的缝隙处理** 幕墙与主体结构之间的缝隙应采用防火的保温材料堵塞；内外表面应采用密封胶连续封闭，接缝应严密不漏水。

（7）**幕墙伸缩缝** 幕墙的伸缩缝必须保证达到设计要求。如果伸缩缝用密封胶填充，填胶时要注意不要让密封接触主框衬芯，以防幕墙伸缩活动时破坏胶缝。

图 6-34　玻璃安装施工

（8）**幕墙上的开启窗**　按设计要求在幕墙上规定位置安装开启窗，窗框与幕墙的框格结构配合的四边间隙均匀，窗框周边内外要填密封胶。

（9）**抗渗漏试验**　幕墙施工中应分层进行抗雨水渗漏性能检查。

4. 施工总结

① 对高层建筑的测量应在风力不大于 4 级的情况下进行。每天应定时对玻璃幕墙的垂直及立柱位置进行校核。

② 现场焊接或高强螺栓紧固的构件固定后，应及时进行防锈处理。

③ 幕墙中与铝合金接触的螺栓及金属配件应采用不锈钢或轻金属制品。

④ 幕墙立柱与横梁之间的连接处，宜加设橡胶片，并应安装严密。幕墙框架完成后，在所有节点加注密封胶后才能安装玻璃，不同金属的接触面应采用垫片做隔离处理。

⑤ 用注射枪注入防水密封胶时，胶迹要均匀、连续、严密。

⑥ 铝合金横梁、立柱和玻璃板及附件质量必须符合设计要求和有关标准的规定。

⑦ 铝合金明框的横梁、立柱的安装必须位置正确，连接牢固，无松动。

⑧ 明框的立柱和横梁应横平竖直，无弯曲，无变形，无铝屑、毛刺，表面平整、洁净。

⑨ 明框玻璃幕墙的允许偏差及检验方法见表 6-7。

表 6-7　明框玻璃幕墙的允许偏差及检验方法

项目		允许偏差/mm	检验方法
幕墙垂直度	幕墙高度≤30m	10	激光仪或经纬仪检查
	30m＜幕墙高度≤60m	15	
	60m＜幕墙高度≤90m	20	
	幕墙高度＞90m	25	
竖向构件直线度		3	3m靠尺、塞尺检查
横向构件水平度	≤2000mm	2	水平仪检查
	＞2000mm	3	
同高度相邻两根横向构件高度差		1	钢板尺、塞尺检查

项目		允许偏差/mm	检验方法
幕墙横向构件水平度	幅宽≤35m	5	水平仪检查
	幅宽>35m	7	
分格框对角线差	对角线长≤1000mm	3	3m钢卷尺检查
	对角线长>1000mm	3.5	

二、隐框玻璃幕墙安装

1. 示意图和施工现场图

隐框幕墙横梁穿插连接示意和隐框玻璃幕墙安装施工现场分别见图6-35和图6-36。

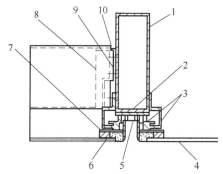

图 6-35　隐框幕墙横梁穿插连接示意
1—立柱；2—聚乙烯泡沫压条；3—铝合金固定玻璃连接件；
4—玻璃；5—密封胶；6—结构胶、耐候胶；
7—聚乙烯泡沫；8—横梁；9—螺栓；
10—横梁与立柱连接件

图 6-36　隐框玻璃幕墙安装施工现场

2. 注意事项

① 安装玻璃幕墙用的电器机具必须装触电保安器。在使用施工机具前，应进行严格检验。手电钻、电动改锥、焊钉枪等电动工具应做绝缘电压试验；手持玻璃吸盘和玻璃吸盘安装机，应进行吸附质量和吸附持续时间试验。

② 施工人员应戴安全帽、系安全带、背工具袋等。

③ 在高层玻璃幕墙安装与上部结构交叉作业时，结构施工层下方应架设防护网；在离地面3m高处，应搭设挑出6m的水平安全网。

④ 现场焊接时，在焊件下方应设接火斗。

3. 施工做法详解

工艺流程 ≫≫≫≫

弹线→安装连接件→安装幕墙立柱→幕墙横梁安装→幕墙横梁、立柱的调整与紧固→托条安装→玻璃安装→幕墙收口→幕墙伸缩缝→抗渗漏试验→清洁。

（1）**弹线**　先将主体结构上的预埋件表面清理干净，然后根据建筑物轴线弹出纵横两个方向的基准线和标高控制线。

（2）**安装连接件**　把连接铁件按正确位置临时点焊在结构的预埋铁件上。若主体结构上没有埋设预埋件，可用膨胀螺栓作为铁件与主体结构连接。

（3）**安装幕墙立柱（图6-37）**　以基准线为准，确定幕墙立柱位置，然后与连接铁件临时固定。

图 6-37 幕墙立柱安装施工

（4）**幕墙横梁安装** 将横梁两端的连接件及弹性橡胶垫安装在立柱的预定位置并临时固定。

（5）**幕墙横梁、立柱的调整与紧固** 幕墙横梁、立柱全部就位后，应再做一次全面检查，并对局部不适的地方做最后调整，使整幅幕墙的安装位置达到设计要求。最后对临时焊接件进行正式焊接，紧固连接螺栓，对没有防松措施的螺栓均需点焊防松。所有焊缝均应清理干净并做防锈处理。

（6）**托条安装** 按设计要求在每个分格块玻璃下端的位置安设两个铝合金或不锈钢托条，其长度不小于 100mm，厚度不小于 2mm，垂直于幕墙平面的宽度不应露出玻璃板外表面。

（7）**玻璃安装**（图 6-38） 把幕墙横梁、立柱及托条表面清理干净。按设计要求的结构胶厚度在横梁、立柱表面刷结构胶（一般涂刷结构胶厚度为：6mm≤结构胶厚度≤12mm），然后将擦拭干净的每个格子的玻璃板底端放在托条上，用手轻轻把玻璃板向横梁、立柱上的结构胶面上推压，使其与横梁、立柱粘紧、粘牢。安装玻璃时，玻璃的朝向要符合设计要求。玻璃安完后沿玻璃四周注密封胶密封，注胶要均匀、连续，胶缝厚度≥5mm，要及时清理胶缝外多余的胶。

图 6-38 隐框幕墙玻璃安装

（8）**幕墙收口** 按设计要求安装好幕墙的收口结构后，应及时处理其与主体结构的缝隙。幕墙应严密不漏水。

（9）**幕墙伸缩缝** 幕墙伸缩缝必须满足设计要求。如果伸缩缝采用密封胶填充，填密封胶时注意别让密封胶接触主梃衬芯，防止幕墙伸缩活动破坏胶缝。

（10）**抗渗漏试验** 幕墙施工中应分层进行抗雨水渗漏性能检查。

（11）**清洁** 安装玻璃的同时应进行清洁工作，在拆除保护棚前应做最后一次检查，以保证玻璃安装和密封胶缝、结构胶缝的质量及幕墙表面的清洁。

4. **施工总结**

① 对高层建筑的测量应在风力不大于 4 级的情况下进行。每天应定时对玻璃幕墙的垂直及立柱位置进行校核。

② 现场焊接或高程螺栓紧固的构件固定后，应及时进行防锈处理。玻璃幕墙中与铝合金接触的螺栓及金属配件应采用不锈钢或轻金属制品。

③ 不同金属的接触面应采用垫片做隔离处理。

④ 玻璃幕墙四周与主体结构之间的缝隙，应采用防火的保温材料填塞；内外表面采用密封胶连续封闭，接触应严密不漏水。

⑤ 玻璃幕墙框架完成后，需在所有节点填注密封胶后才能装玻璃。

⑥ 隐框玻璃幕墙的允许偏差和检验方法见表6-8。

表 6-8　隐框玻璃幕墙的允许偏差和检验方法

项目		允许偏差/mm	检验方法
竖缝及墙面垂直度	幕墙高度≤30m	10	激光仪或经纬仪检查
	30m<幕墙高度≤60m	15	
	60m<幕墙高度≤90m	20	
	幕墙高度>90m	25	
幕墙平面度		3	3m靠尺、钢板尺检查
竖缝直线度		3	3m靠尺、钢板尺检查
横缝直线度		3	3m靠尺、钢板尺检查
拼缝宽度（与设计值比）		2	卡尺检查

三、全玻璃幕墙安装

1. 施工现场图

全玻璃幕墙安装施工现场见图6-39。

2. 注意事项

① 墙面外观应平整，胶缝应平整光滑，宽度均匀。胶缝宽度偏差不应大于2mm。

② 玻璃面板与玻璃肋之间的垂直度偏差不应大于2mm；相邻玻璃面板的平面高低偏差不应大于1mm。

③ 玻璃板块的周边，必须用磨边机加工，应采用45°倒角，倒角尺寸不应小于1.5mm，角部尖点倒角圆弧半径应在1~5mm范围内。

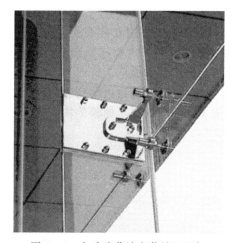

图 6-39　全玻璃幕墙安装施工现场

④ 经磨边后的玻璃板块边缘不应出现炸边、缺角等缺陷。

⑤ 玻璃到达施工现场后，由现场质检员与安装组长对玻璃的表面质量、公称尺寸进行100%的检测。玻璃安装顺序可采用先上后下，逐层安装调整。

⑥ 全玻幕墙的周边收口槽壁与玻璃面板或玻璃肋的空隙均不宜小于8mm，吊挂玻璃下端与下槽底的空隙应满足玻璃伸长变形的要求。

⑦ 玻璃与下槽底应采用弹性垫块支承或填塞，垫块长度不宜小于100mm，厚度不宜小于10mm；槽壁与玻璃间应采用硅酮（聚硅氧烷）建筑密封胶密封。

⑧ 吊挂全玻幕墙的主体结构或结构构件应有足够的刚度，采用钢桁架或钢梁作为受力杆件时，其挠度限值宜取其跨度的1/250。

⑨ 吊挂式全玻幕墙的吊夹与主体结构间应设置刚性水平传力结构。

⑩ 全玻幕墙的板面不得与其他刚性材料直接接触。板面与装修面或结构面之间的空隙不应小于8mm，且应采用密封胶密封。

3. 施工做法详解

工艺流程 >>>>>

定位放线→结构的检查→安装边缘固定槽→下部和侧边边框安装→玻璃安装就位→注密封胶→表面清洁和验收。

（1）定位放线

① 测量放线

a. 幕墙定位轴线的测量放线必须与主体结构的主轴线平行或垂直。

b. 要使用高精度的激光水准仪、经纬仪，配合用标准钢卷尺、水平尺等复核。要求上、下中心线偏差小于1～2mm。

c. 测量放线应在风力不大于4级的情况下进行。

② 定位放线：应首先将玻璃的位置弹到地面上，然后再根据外缘尺寸确定锚固点。

（2）结构的检查 墨线弹好以后，在结构处拉垂直钢线以及横向线进行结构检查，检查结构是否符合要求，将检查尺寸记录下来，反馈给设计师。

（3）安装边缘固定槽

① 检查预埋件或锚固钢板的牢固度。

② 承重钢横梁的中心线必须与幕墙中心线相一致，并且椭圆螺孔中心要与设计的吊杆螺栓位置一致。

③ 内金属扣夹安装必须通顺平直。

④ 所有钢结构焊接完毕后，应进行隐蔽工程质量验收，请监理工程师验收签字，验收合格后再涂刷防锈漆。

（4）下部和侧边边框安装 严格按照放线定位和设计标高施工，在每块玻璃的下部都要放置不少于2块氯丁橡胶垫块，垫块长度同槽口宽度，宽度不应小于100mm。

图6-40 安装电动吸盘机

（5）玻璃安装就位

① 玻璃吊装

a. 再一次检查玻璃的质量。

b. 安装电动吸盘机（图6-40）。

c. 试起吊。

d. 在玻璃适当位置安装手动吸盘、拉缆绳索和侧边保护胶套。

e. 在要安装玻璃处上下边框的内侧粘贴低发泡间隔方胶条，胶条的宽度与设计的胶缝宽度相同。

② 玻璃就位（图6-41）

a. 吊车将玻璃移近就位位置后，使玻璃对准位置徐徐靠近。

b. 上层工人要把握好玻璃，防止玻璃在升降位时碰撞钢架。

c. 玻璃定位。安装好玻璃吊夹具，吊杆螺栓应放置在标注在钢横梁上的定位位置。反复调节杆螺栓，使玻璃提升和正确就位。

d. 安装上部外金属夹扣后，填塞上下边框外部槽口内的泡沫塑料圆条，使安装好的玻

图 6-41　玻璃就位

璃临时固定住。

（6）注密封胶（图 6-42）

① 打胶顺序是先上后下，先竖向后横向。

② 所有注胶部位的玻璃和金属表面要用丙酮或专用清洁剂擦拭干净，不能用湿布和清水擦洗，注胶部位表面必须干燥。

③ 沿胶缝位置粘贴胶带纸带，防止硅胶污染玻璃。

④ 在打胶前应对面玻璃与肋玻璃进行临时可靠的固定，在打胶过程中对临时固定装置进行拆除以确保成品的平面度。要安排受过训练的专业注胶工施工，注胶时应内外双方同时进行，注胶要匀速、匀厚，不夹气泡。

图 6-42　幕墙注密封胶

⑤ 注胶后用专用工具刮胶，使胶缝呈微凹曲面。

⑥ 注胶工作不能在风雨天进行，注胶也不宜在低于 5℃的低温条件下进行。

⑦ 耐候硅酮（聚硅氧烷）嵌缝胶的施工厚度应介于 3.5～4.5mm。胶缝的宽度通过设计计算确定，最小宽度为 6mm。封胶必须在产品有效期内使用，施工验收报告要有产品证明文件和记录。

⑧ 在吊挂玻璃安装时，夹口与玻璃粘接时应严格控制其尺寸与方向。

（7）表面清洁和验收

① 将玻璃内外表面清洗干净。

② 再一次检查胶缝并进行必要的修补。

③ 整理施工记录和验收文件，积累经验和资料。

4．施工总结

① 玻璃接缝及外露边框、封口应横平竖直，宽度适宜均匀。

② 材料不应有变色、变形、镀膜脱落、污垢或伤痕等现象。

③ 玻璃应安装牢固，方向正确无误，钢化玻璃表面不得有伤痕，隐蔽节点封装应整齐美观。

④ 封口安装可靠，按缝黏结牢固，不得有渗漏。

⑤ 玻璃胶缝应横平竖直、宽度一致，胶缝表面平整、光滑。

⑥ 用吊挂式安装时应注意吊挂位置，吊夹应在玻璃顶部 1/4 处，每块玻璃的吊夹应位于同一平面，吊夹的受力应均匀。

⑦ 全玻幕墙玻璃两边嵌入槽口的量及空隙应符合设计要求，左右空隙尺寸宜相同。

⑧ 全玻幕墙的玻璃宜采用机械吸盘安装，并应采取必要的安全措施。

⑨ 全玻幕墙施工的允许偏差及检验方法应符合表 6-9 的要求。

表 6-9　全玻幕墙施工的允许偏差及检验方法

项目		允许偏差/mm	检验方法
幕墙平面的垂直度	$H \leqslant 30m$	10	激光仪或经纬仪
	$30m < H \leqslant 60m$	15	
	$60m < H \leqslant 90m$	20	
	$H > 90m$	25	
幕墙的平面度		2.5	2m 靠尺，钢板尺
竖缝的直线度		2.5	2m 靠尺，钢板尺
横缝的直线度		2.5	2m 靠尺，钢板尺
线缝的宽度（与设计值比较）		±2	卡尺
两相邻面板之间的高低差		1.0	深度尺
玻璃面板与肋板夹角与设计值偏差		$\leqslant 1°$	量角器

注：H 为幕墙高度。

四、铝板幕墙安装

1．施工现场图

铝板幕墙安装施工现场见图 6-43。

2．注意事项

① 对高层铝板幕墙的测量放线应在风力不大于 4 级的情况下进行。每天应定时对幕墙的垂直度进行校核。

② 连接件与膨胀螺栓或与墙上的预埋件焊牢后应及时进行防锈处理。

③ 不同金属的接触面应采用垫片做隔离处理。

④ 铝板幕墙四周与主体结构之间的缝隙，应采用防火的保温材料填塞；内外表面采用密封胶连续封闭，接缝应严密不漏水。

图 6-43 铝板幕墙安装施工现场

⑤ 铝板幕墙施工过程中应进行抗雨水渗漏性能检查。

3. 施工做法详解

工艺流程 >>>>>>

放线→安装连接件→安装骨架→安装铝板→板缝处理→伸缩缝处理→幕墙收口处理→板面清理。

(1) **放线** 根据主体结构上的轴线和标高线，按设计要求将支承骨架的安装位置线准确地弹到主体结构上，为骨架安装提供依据。

(2) **安装连接件** 将连接件与主体结构上的预埋件焊接固定。当主体结构上没有埋设预埋铁件时，可在主体结构上打孔安设膨胀栓与连接铁件固定（图 6-44）。

(3) **安装骨架** 按弹线位置准确无误地将经过防锈处理的型钢骨架用焊接（图 6-45）或螺栓固定在连接件上。安装中应随时检查标高和中心线位置。对面积较大、层高较高的外墙铝板幕墙骨架竖杆，必须用测量仪器和线坠测量，校正其位置，以保证骨架竖杆的铅直和平整。

图 6-44 连接铁件固定

图 6-45 型钢骨架焊接施工

（4）**安装铝板**（图6-46）　用铆钉或螺栓将铝合金板饰面逐块固定在型钢骨架上。板与板之间留缝10～15mm，以便调整安装误差。

（5）**板缝处理**　铝板之间的缝隙用橡胶条压紧或注入硅酮（聚硅氧烷）密封胶等弹性材料防水。

图6-46　铝板安装施工现场

（6）**伸缩缝处理**　铝板幕墙的伸缩缝必须满足设计要求。伸缩缝的处理一般使用弹性较好的氯丁橡胶成型压入缝边锚固件上，起连接、密封作用。

（7）**幕墙收口处理**　按设计要求处理好幕墙收口。也可利用铝板成型的边缘收口板，在墙边缘把方形吊管、连接卡件全部遮盖。锚固可利用墙面板安装的连接件，用螺栓连接，以保证美观。

（8）**板面清理**　清除板面护胶纸，把板面清理干净。

4.**施工总结**

① 铝合金饰面板和骨架及其附件质量必须符合设计要求和有关标准的规定。

② 铝合金饰面板安装必须牢固，无脱层、翘曲、折裂、缺棱掉角等缺陷。

③ 铝合金饰面板表面平整、洁净，颜色一致，无污染，无肉眼可见的变形、波纹和凹凸不平。

④ 幕墙的上、下边及侧边封口、伸缩缝、沉降缝、防震缝及防雷体系应符合设计要求。

⑤ 铝板幕墙的允许偏差和检验方法见表6-10。

表6-10　铝板幕墙的允许偏差和检验方法

项目		允许偏差/mm	检验方法
竖缝及墙面垂直度	幕墙高度≤30m	10	激光仪或经纬仪检查
	30m＜幕墙高度≤60m	15	
	60m＜幕墙高度≤90m	20	
	幕墙高度＞90m	25	
幕墙平整度		3	3m靠尺、楔形塞尺检查
竖缝直线度		3	3m靠尺、钢板尺检查
横缝直线度		3	3m靠尺、钢板尺检查
拼缝宽度（与设计值比）		2	卡尺检查

五、石材幕墙安装

1.施工现场图

石材幕墙安装施工现场见图6-47。

图 6-47　石材幕墙安装施工现场

2. 注意事项

① 石材幕墙工程所用材料的品种、规格、性能和等级，应符合设计要求及国家现行产品标准和工程技术规范的规定。石材幕墙的铝合金挂件厚度不应小于 4.0mm，不锈钢挂件厚度不应小于 3.0mm。

② 石材幕墙的造型、立面分格、颜色、光泽、花纹和图案应符合设计要求。

③ 石材孔、槽的数量、深度、位置、尺寸应符合施工设计要求。

④ 石材幕墙表面应平整、洁净，无污染、缺损和裂痕。颜色和花纹协调一致，无明显色差，无明显修痕。

⑤ 石材幕墙的压条应平直、洁净，接口严密、安装牢固。

⑥ 石材接缝应横平竖直、宽窄均匀；阴阳角石板压向应正确，板边合缝应顺直；凸凹线出墙厚度应一致，上下口应平直；石材面板上洞口、槽边应套割吻合，边缘应整齐。

⑦ 石材幕墙的密封胶缝应横平竖直、深浅一致、宽窄均匀、光滑顺直。

⑧ 石材幕墙上的滴水线、流水坡向应正确、顺直。

3. 施工做法详解

工艺流程

主体结构的检测→结构修整→测量放线→金属骨架安装→连接避雷→防火隔离带→石材板安装→打嵌缝胶。

（1）主体结构的检测

① 用经纬仪在外墙各大角（阴角、阳角）放控制线。

② 以控制线为基准，检测大角、窗口、分格线等部位的偏移量。

③ 用钢尺以±0.000 标志为基准，施放各层的层高线。

④ 以层高线为基准，施放檐口、窗口、分格等部位的控制线。

⑤ 用钢丝拉通线检验墙面平整度。

（2）结构修整　对于结构的偏移或结构面凹凸，凡是超出 20mm 者，均需按结构处理方式处理。若结构处理或修整采用水泥材料，后继作业需注意其养护环境与时间要求。要求各结构外墙面在剔除胀模及修补后，使外墙面距设计轴线误差不大于 10mm。

（3）测量放线

① 外墙水平线以设计轴线为基准。以原设计内墙轴线定窗口垂直立线；以各层设计标高＋50cm 线确定窗口上下水平线，弹出窗口井字线；并根据二次设计图纸弹出挂件位置

线。在每个大角下吊垂线，给出大角垂直控制线。

② 测量人员应与主体工程测量师配合，检查主体结构轴线与石材幕墙安装线是否吻合，轴线误差大于规定允许偏差时（包括垂直偏差值），应得到监理、设计人员同意，适当调整石材幕墙的轴线，使其符合幕墙的构造需要。同时，也要与主体轴线相互校核，并对误差进行控制、分配、消化，不应积累，以保证幕墙的垂直及立柱位置的正确，对于修改导致的任何改变，必须严格控制实施过程并详细准确地记录。

（4）**金属骨架安装**（图 6-48）

① 角码连接件焊接（图 6-49）时要采用对称焊，以减少焊接产生的变形。主、次龙骨安装就位后，需进行复测调校使其符合设计要求，确认无误后各节点紧固连接。

② 幕墙立柱安装标高偏差不应大于 3mm，轴线前后偏差不应大于 2mm，左右偏差不应大于 3mm。

图 6-48　金属骨架安装

图 6-49　角码连接件焊接

③ 相邻两根立柱安装标高偏差不应大于 3mm，同层立柱的最大标高偏差不应大于 5mm，相邻两根立柱的距离偏差不应大于 2mm。

④ 将横梁两端的连接件及垫片安装在立柱的预定位置，安装牢固，其接缝应严密。

⑤ 相邻两根横梁的水平标高偏差不应大于 1mm。同层标高偏差：当一幅幕墙宽度小于或等于 35m 时，不应大于 5mm；当一幅幕墙宽度大于 35m 时，不应大于 7mm。

（5）**连接避雷**　将幕墙金属龙骨与建筑避雷系统连接。一般采用镀锌圆钢，一端与主龙骨焊接，另一端与建筑防雷系统焊接。每个连接点的搭接长度不小于 100mm，采用双面搭接焊，焊缝长度≥120mm，焊缝高度 5mm。

（6）**防火隔离带**　先安装下层的镀锌钢板，一端用射钉固定在结构上，射钉间距为 300mm；另一端固定在钢骨架上，可点焊或用拉铆钉连接。遇到竖向钢骨架处，钢板应裁剪豁口；两块钢板间搭接不少于 10mm。将岩棉铺装在下层镀锌钢板上，应尽量铺平、铺紧，最后安装上层的镀锌钢板。

（7）**石材板安装**　安装时应核对石材品种、规格，并根据翻样图对号使用石材。石材板安装（图 6-50）必须跟线，每块板先试挂并临时固定，按规格及按层找平、找方、找垂直后，进行注胶、挂板、紧固。

（8）**打嵌缝胶**　打胶前清理石材缝打胶的部位，并用洁净的布擦拭，使其无尘土、水渍、油渍等。打胶缝隙用泡沫棒塞紧（图 6-51），保证平直，并预留 2.5～3.5mm 的打胶厚度。

图 6-50　石材板安装施工

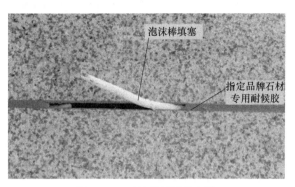

图 6-51　石材幕墙缝隙打胶

4. 施工总结

① 石材幕墙主体结构上的预埋件和后置件的位置、数量及后置件的拉拔力必须符合设计要求。

② 石材幕墙的金属框架立柱与主体结构预埋件的连接、立柱与横梁的连接、连接件与金属框架的连接、连接件与石材面板的连接必须符合施工设计要求，安装必须牢固。

③ 石材幕墙的防雷装置必须与主体结构防雷装置可靠连接。

④ 石材幕墙的防火、保温、防潮材料的设置应符合设计要求和技术标准的规定，填充应密实、均匀、厚度一致。

⑤ 各种结构变形缝、墙角的连接节点应符合设计要求和技术标准的规定。

⑥ 石材幕墙的板缝注胶应饱满、密实、连续、均匀、无气泡，板缝宽度和厚度应符合设计要求和技术标准的规定。

⑦ 每平方米石材的表面质量要求和检验方法应符合表 6-11 的规定。

表 6-11　每平方米石材的表面质量要求和检验方法

项目	质量要求	检验方法
裂痕、明显划伤和长度>100mm 的轻微划伤	不允许	观察
长度≤100mm 的轻微划伤	≤8 条	用钢尺检查
擦伤总面积	≤500mm^2	用钢尺检查

⑧ 石板安装的允许偏差及检验方法应符合表 6-12 的规定。

表 6-12　石板安装的允许偏差及检验方法

项目		允许偏差/mm	检验方法
竖缝及墙面垂直缝	幕墙层高≤3m	≤2	经纬仪
	幕墙层高>3m	≤3	经纬仪
幕墙水平度(层高)		≤2	2m 靠尺、钢板尺
竖缝直线度(层高)		≤2	2m 靠尺、钢板尺
横缝直线度(层高)		≤2	2m 靠尺、钢板尺
拼缝宽度(与设计值比)		≤1	卡尺

⑨ 石材幕墙安装的允许偏差与检验方法应符合表 6-13 的规定。

表 6-13　石材幕墙安装的允许偏差与检验方法

项目		允许偏差/mm	检验方法
幕墙垂直度	宽度和高度都不大于 30m	≤10	经纬仪
	宽度或高度大于 30m,不大于 60m	≤15	
	宽度或高度大于 60m,不大于 90m	≤20	
	宽度或高度大于 90m	≤25	
竖向板材直线度		≤3	2m 靠尺、塞尺
横向板材水平度(不大于 2000mm)		≤2	水平尺
同高度相邻两根横向构件高差		≤1	钢板尺、塞尺
幕墙横向水平度	≤3m 的层高	≤3	水平仪
	>3m 的层高	≤5	
分格框对角线差	对角线≤2000mm	≤3	3m 钢卷尺
	对角线>2000mm	≤3.5	

附录1 ▶ 材料进场验收

1. 木龙骨

木龙骨进场验收应符合以下要求。

（1）要选木节较少、较小的木方，如果木节大而且多，钉子、螺钉在木节处会拧不进去或者钉断木方，会导致结构不牢固，而且容易从木节处断裂。

（2）要选没有树皮、虫眼的木方，树皮是寄生虫栖身之地，有树皮的木方易生蛀虫，有虫眼的也不能用。如果这类木方用在装修中，蛀虫会吃掉所有能吃的木质。

（3）要选密度大的木方，用手拿有沉重感，用指甲抠不会有明显的痕迹，用手压木方有弹性，弯曲后容易复原，不会断裂。

（4）要尽量选择加工结束时间长一些的，而且没有被露天存放的木龙骨，因为这样的龙骨比近期加工完的含水率会低一些，同时变形、翘曲的概率也小一些。

2. 木质线条

木质线条进场验收应符合以下要求。

（1）未上漆木线应先看整根木线是否光洁、平实，手感是否顺滑，有无毛刺。尤其要注意木线是否有木节、开裂、腐朽、虫眼等现象。

（2）上漆木线，可以从背面辨别木质、毛刺多少，仔细观察漆面的光洁度、上漆是否均匀、色度是否统一，观察有否色差、变色等现象。

（3）木线也分为清油和混油两类。清油木线对材质要求较高，市场售价也较高。混油木线对材质要求相对较低，市场售价也比较低。

3. 电线

电线进场验收应符合以下要求。

（1）电线的外观应光滑平整，绝缘和护套层无损坏，标识印刷清晰，手摸电线时无油腻感。

（2）从电线的横截面看，电线的整个圆周上绝缘或护套的厚度应均匀，不应偏芯，绝缘或护套应有一定的厚度。

4. 白乳胶

白乳胶进场验收应符合以下要求。

（1）外观为乳白色稠厚液体，一般无毒无味、无腐蚀、无污染，应是水性胶黏剂。

（2）注意胶体应均匀，无分层，无沉淀，开启容器时无刺激性气味。

5. 细木工板

细木工板进场验收应符合以下要求。

（1）观察板面是否有起翘、弯曲，有无鼓包、凹陷等；观察板材周边有无补胶、补腻子现象。查看芯条排列是否均匀整齐，缝隙越小越好。板芯的宽度不能超过厚度的 2.5 倍，否则容易变形。

（2）用手触摸，展开手掌，轻轻平抚木芯板板面，如感觉到有毛刺扎手，则表明质量不高。

（3）用双手将细木工板一侧抬起，上下抖动，倾听是否有木料拉伸断裂的声音，有则说明内部缝隙较大，空洞较多。优质的细木工板应有整体感、厚重感。

（4）从侧面拦腰锯开后，观察板芯的木材质量是否均匀整齐，有无腐朽、断裂、虫孔等，实木条之间缝隙是否较大。

6. 胶合板

胶合板进场验收应符合以下要求。

（1）胶合板要木纹清晰，正面光洁平滑，不毛糙，平整无滞手感。夹板有正反两面的区别。

（2）双手提起胶合板一侧，感受板材是否平整、均匀、无弯曲起翘的张力。

（3）个别胶合板是将两个不同纹路的单板贴在一起制成的，所以要注意胶合板拼缝处是否严密，是否有高低不平的现象。

（4）要注意已经散胶的胶合板。手敲胶合板各部位时，如果声音发脆，则证明质量良好；若声音发闷，则表示胶合板已出现散胶现象。

（5）胶合板应该没有明显的变色及色差，颜色统一，纹理一致。注意是否有腐朽变质现象。

7. 薄木贴面板

薄木贴面板进场验收应符合以下要求。

（1）观察贴面（表皮），看贴面的厚薄程度，越厚的性能越好，油漆后实木感逼真、纹理清晰、色泽鲜亮、饱和度好。

（2）装饰性要好，其外观应有较好的美感，材质应细致均匀、色泽清晰、木色相近、木纹美观。

（3）表面无明显瑕疵，其表面光洁，无毛刺沟痕和刨刀痕；应无透胶现象和板面污染现象。

8. 纤维板

纤维板进场验收应符合以下要求。

（1）纤维板应厚度均匀，板面平整、光滑，没有污渍、水渍、胶渍等。

（2）四周板面细密、结实、不起毛边。

（3）用手敲击板面。声音清脆悦耳、均匀的纤维板质量较好；声音发闷，则可能发生了散胶问题。

9. 刨花板

刨花板进场验收应符合以下要求。

（1）注意厚度是否均匀，板面是否平整、光滑，有无污渍、水渍、胶渍等。

（2）刨花板中不允许有断痕，透裂，单个面积大于 $40mm^2$ 的胶斑、石蜡斑、油污斑等污染点，不得有边角残损等缺陷。

10. 铝塑板

铝塑板进场验收应符合以下要求。

（1）看厚度是否达到要求，必要时可使用游标卡尺测量。

（2）还应准备一块磁铁，检验一下所选的板材是铁还是铝。

（3）看铝塑板的表面是否平整光滑，有无波纹、鼓泡、疵点、划痕。

11. 铝扣板

铝扣板进场验收应符合以下要求。

（1）拿一块样品敲打几下，仔细倾听，声音脆的说明基材好，声音发闷说明杂质较多。

（2）拿一块样品反复掰折，看它的漆面是否脱落、起皮。

（3）好的铝扣板漆面只有裂纹，不会有大块油漆脱落。好的铝扣板正背面都有漆，因为背面的环境更潮湿，有背漆的铝扣板的使用寿命比只有单面漆的更长。

（4）铝扣板的龙骨材料一般为镀锌钢板，看它的平整度、加工的光滑程度以及龙骨的精度，误差范围越小、精度越高，质量越好。

12. 石膏板

石膏板进场验收应符合以下要求。

（1）观察纸面。优质纸面石膏板用的是质量上乘的原木浆纸，纸轻且薄，强度高，表面光滑，无污渍，纤维长，韧性好。而劣质的纸面石膏板用的是再生纸浆生产出来的纸张，较重较厚，强度较差，表面粗糙，有时可看见油污斑点，易脆裂。纸面的好坏还直接影响到石膏板表面的装饰性能。优质纸面石膏板表面可直接涂刷涂料，劣质纸面石膏板表面必须做满批腻子后才能做最终装饰。

（2）观察板芯，优质纸面石膏板选用高纯度的石膏矿作为芯体材料的原材料，而劣质的纸面石膏板对原材料的纯度缺乏控制。纯度低的石膏矿中含有大量的有害物质。好的纸面石膏板的板芯白；而差的纸面石膏板板芯发黄（含有黏土），颜色暗淡。

（3）观察纸面黏结强度，用裁纸刀在石膏板表面划一个 45°角的"×"，然后在交叉的地方揭开纸面，优质纸面石膏板的纸张依然黏结在石膏芯上，石膏芯体没有裸露；而劣质纸面石膏板的纸张则可以撕下大部分甚至全部纸面，石膏芯完全裸露出来。

13. 装饰石材

装饰石材进场验收应符合以下要求。

（1）观。肉眼观察石材的表面结构。一般说来，均匀的细料结构的石材具有细腻的质感，为石材之佳品；粗粒及不等粒结构的石材外观效果较差，机械力学性能也不均匀，质量稍差。

（2）量。量石材的尺寸规格，以免影响拼接，或造成拼接后的图案、花纹、线条变形，影响装饰效果。

（3）听。听石材的敲击声音。一般而言，质量好的、内部致密均匀且无显微裂隙的石材，其敲击声清脆悦耳；相反，若石材内部存在显微裂隙或细脉或因风化导致颗粒间接触变松，则敲击声粗哑。

（4）试。用简单的试验方法来检验石材质量好坏。通常在石材的背面滴上一小滴墨水，如墨水很快四处分散浸出，即表示石材内部颗粒较松或存在显微裂隙，石材质量不好；反之，若墨水滴在原处不动，则说明石材致密、质地好。

14. 陶瓷墙地砖

陶瓷墙地砖进场验收应符合以下要求。

（1）用尺测量，质量好的地砖规格大小统一、厚度均匀、边角无缺陷、无凹凸翘角等，边长的误差不超过 0.2～0.3cm，厚薄的误差不超过 0.1cm。

（2）用耳听，可用手指垂直提起陶瓷砖的边角，让瓷砖轻松垂下，用另一手指轻敲瓷砖中下部，声音清亮明脆的是上品，沉闷浑浊的是下品。

15. 装饰玻璃

装饰玻璃进场验收应符合以下要求。

检查玻璃材料的外观，看其平整度，观察有无气泡、夹杂物、划痕、线道和雾斑等质量缺陷。存在此类缺陷的玻璃，在使用中会发生变形或降低其透明度、机械强度以及玻璃的热稳定性。

16. 壁纸

壁纸进场验收应符合以下要求。

（1）好的壁纸色牢度高，用湿布或水擦洗而不发生变化。

（2）壁纸表面涂层材料及印刷颜料都需经优选并严格把关，能保证壁纸经长期光照后（特别是浅色、白色墙纸）不发黄。

（3）看图纹风格是否清晰，制作工艺是否精良。

17. 乳胶漆

乳胶漆进场验收应符合以下要求。

（1）用鼻子闻。真正环保的乳胶漆应是水性无毒无味的，所以当闻到刺激性气味或工业香精味，就不能选择。

（2）用眼睛看。放一段时间后，正品乳胶漆的表面会形成厚厚的、有弹性的氧化膜，不易裂；而次品只会形成一层很薄的膜，易碎，具有辛辣气味。

（3）用手感觉：用木棍将乳胶漆拌匀，再用木棍挑起来，优质乳胶漆往下流时会成扇面形。用手指摸，正品乳胶漆应手感光滑、细腻。

18. 五金配件

五金配件进场验收应符合以下要求。

（1）仔细观察外观工艺是否粗糙。

（2）用手折合（或开启）几次看开关是否自如，有无异常噪声。

附录 2 ▶ 水路维修保养

1. 排水管堵塞的解决方法

（1）关上水龙头，以免堵塞处积水更多。

（2）伸手到排水管或污水管口揭开地漏，清除堵塞物。室外的下水道可能堆积了落叶或泥沙，以致淤塞。

（3）洗脸盆或洗涤槽的排水管若无明显的堵塞物，可用湿布堵住溢流孔，然后用揣子（俗称水拔子）排除堵塞物。

（4）水开始排出时，应继续灌水，冲去余下的废物。

（5）如果撅子无法清除洗涤槽或洗脸盆污水管的堵塞物，可在存水弯管下放一只水桶，拧下弯管，清除里面的堵塞物。新式存水弯管是塑料造的，用手就可以拧下来，用扳手则不要太用力。

（6）如果是排水管堵塞，可用一根坚硬而有弹性的通管捅掉堵塞物。

2. 常见不同类型水管的漏水部位及原因

① 水管接头漏水：这种情况一般属于比较轻微的，解决起来也不难，多是由于水管和水龙头没接好。

② 下水管漏水：水管硬化或者长时间异物堵住水管导致破裂。

③ 铁水管漏水：铁水管一般情况是由于长时间的滴水没及时更换水管，导致水管生锈腐蚀。

④ 塑料水管漏水：水管硬化或者长时间异物堵住水管导致破裂。

3. 水管接头漏水的解决方法

如果管接头本身坏了，只能换新的；螺纹处漏水可将其拆下，如没有胶垫的要装上胶垫，胶垫老化了就换新的，螺纹处涂上厚白漆再缠上麻丝后装上，或用生料带缠绕也一样。如果是胶接或熔接处漏水，可以重新进行打胶或重新熔接进行处理。

如果是由于水龙头内的轴心垫片磨损所致，可使用钳子将压盖栓转松并取下，以夹子将轴心垫片取出，换上新的轴心垫片即可。

4. 下水管漏水的解决方法

（1）如果是 PVC 水管，可以去买一根新的 PVC 水管接上。先把坏了的那根管子割断，将新买来的 PVC 管与更换下来的管子进行比对，看其管径是否一致，然后检查接口边缘是否平整，最后使用胶水将水管两个接口连接好即可。

（2）可以买防水胶带来修补下水管，缠住之后，再用砂浆防水剂和水泥抹上去就可以了。

5. 铁水管漏水的解决方法

（1）铁水管没有锈渍，只是部分位置破坏。可把水管总阀关闭，只需要更换该位置的铁水管即可。切断该位置水管，再用车螺纹用的器械车出螺纹，再接上连接头即可。

（2）因为整体水管锈蚀所致，把水管总阀关闭，把该段水管整体换掉，两头套上螺母扣拧上。

（3）如果是连接头出现问题就换掉接头部分。如果是管身出现漏水，则需要先磨去原管身的锈渍，再采用焊接方法修补，注意需要在修补位置镶嵌一块与水管贴合紧密的铁板做加固处理。

6. 塑料水管漏水的解决方法

（1）先用小钢锯把漏水的地方锯掉，锯口要平。

（2）用砂纸把新露出的端口轻轻打磨，不要太多。

（3）用干净的布将端口擦拭干净。

（4）用专用胶水涂在端口上，稍微晾一会儿，趁此时在"竹节"接头内涂上胶水。

（5）把端口和"竹节"连接，要反复转动，直到牢固。用同样的方法去连接另一端。

（6）一切完成后在接缝处再涂适量的胶水，确保不渗漏。

7. 卫浴、厨房下水道返臭味处理

下水道返味的原因可能是下水道的水封高度不够，存水弯水分很快干涸，使排水管内的臭气上溢。这时可以给下水道加一个返水弯，或换一个同规格的下水道。如果长期无人在家，最好用盖子将下水道封起来。

在卫浴的排水口，因为要防止排水管里发出的异味，所以一般都会有一些积水，其原理和马桶是差不多的，这个时候排水口起到了防臭阀的作用。但是由于在洗澡的时候，身体的污垢和毛发都会呈糊状堵住排水口，一旦水流受阻，这里就会成为恶臭与病菌的"发源地"。因此有必要进行"分解扫除"，所需要的工具非常简单，只需要牙刷和海绵即可。如果是一般住宅的排水口，首先需要将排水口的外壳拆下，将塑料制的网旋转拆下。另外还需要将最下方的零件也拆下，全部拆下以后，可以用牙刷和海绵进行清洗。

如果太久没拆卸清洗排水口，零件变色或者发出的恶臭非常严重的话，在取出清洗完并重新安装回去后，可以一点点地滴氯水漂白剂进去，这个过程可持续 3～5min。需要特别注意的是，如果用到氯水漂白剂，一定要戴上手套，并保持浴室换气通风。之后等到氯气的味道都消散了以后，再重新用清水冲洗一下排水口，就能发现排水口已经光洁如新了。虽说每次都要将手伸入脏兮兮的排水口里才能拆下排水口的零件，但依然建议每周都能够做一次清洁，以防滋生的微生物和病菌危害健康。

厨房的排水口的清洁过程和浴室的差不多，非常简单就可以清洗干净。

防止地漏返臭味的方法如下。

（1）水防臭地漏：这是最常见的传统地漏，通过在地漏的存水弯中积储一定量的水，依靠水的密封性起到封隔下水道臭气上溢、阻隔蟑螂等害虫的作用。按照有关标准，应保证水封高度为50mm，并能保持水封不干涸。

（2）密封防臭地漏：是在地漏的上口再加上一个上盖，使地漏体密封起来防止臭气。这种地漏比较简洁，但需要掀开盖子排水，比较麻烦。

（3）三防地漏：是目前最新的防臭地漏。其原理是在地漏下端排管处安装一个小漂浮球，通过下水管道里的水压和气压将小球顶住，起到防臭、防虫、防溢水的作用。

8. 更换水龙头的方法

（1）换装水龙头之前，要先将洗脸盆下方的水龙头总开关关闭。如果洗脸盆下方还有陶瓷材质的盖子或柱子盖住，要小心地将盖子拆开，因为这类材质的器具很容易损坏。

（2）关闭水源开关之后，需循着水管往上找到水龙头与水管的接口处，捏住水管上方的金属接头，用力旋转几下，将它拆下来。

（3）水管拆下来先摆在一边，可以仔细看一下这些水管的接头和管壁，如果很脏，可以考虑用新的换掉。

（4）将水管拆掉之后，用手握住整个水龙头再往左、往右轻轻旋转两下，把水龙头扭松。

（5）将水龙头下方的塑胶旋扭拆下来。

（6）将整个旧的水龙头拿起来。

（7）接着再把新的水龙头套上去，摆正。

（8）套上塑胶固定旋扭并转紧之后，再从下方把水管装上去，拧紧。

（9）水龙头漏水的主要原因及处理方法见附表1。

附表 1 水龙头漏水的主要原因及处理方法

漏水现象	原因	处理方法
水龙头出水口漏水	水龙头内的轴心垫片磨损	根据水龙头的大小,选择对应的钳子将水龙头压盖旋开,并用夹子取出磨损的轴心垫片,再换上新的垫片即可
水龙头接管的结合处出现漏水	检查下接管处的螺母是否松掉	将螺母拧紧或者换上新的 U 形密封垫
水龙头栓下部缝隙漏水	压盖内的三角密封垫磨损	可以将螺钉转松取下栓头,接着将压盖弄松取下,然后将压盖内侧三角密封垫取出,换上新的

9. 坐便器堵塞的解决方法

(1) 坐便器轻微堵塞。一般是手纸或卫生巾、毛巾、抹布等造成的。这种情况直接使用管道疏通机或简易疏通工具就可以疏通了。

(2) 坐便器硬物堵塞。使用的时候不小心掉进塑料刷子、瓶盖、肥皂、梳子等硬物。这种堵塞轻微时可以使用管道疏通机或简易疏通器直接疏通,严重的时候必须拆开坐便器疏通。这种情况只有把东西弄出来才能彻底解决。

(3) 坐便器老化堵塞。坐便器使用的时间长了,难免会在内壁上结垢,严重的时候会堵住坐便器的出气孔而造成马桶下水慢。解决方法就是找到通气孔刮开污垢就可以让坐便器下水畅通了。

(4) 坐便器安装失误。底部的出口跟下水口没有对准位置、坐便器底部的螺钉孔完全封死,都会造成坐便器下水不畅通、坐便器水箱水位不够高影响冲水效果。

(5) 蹲便改坐便。有些老房子建房时安装的是蹲便,下水管道底部使用的是 U 形防水弯头。在改成坐便器的时候,最好能把底部弯头换成直接弯。如果换不了,那在安装坐便器前就一定要做好底部反水弯清理工作,安装时切忌让水泥或瓷砖碎片掉进去。

附录 3 ▶ 电路维修保养

1. 跳闸、走火的紧急解决办法

空气开关和漏电保护器一定要分清,从外观上看,最大的就是漏电保护器,后面小的都叫空气开关。

首先把所有的空气开关包括漏电保护器全落下,然后开始送闸,先把漏电保护器送上,再一一送空气开关。

如果送漏电保护器就送不上的话,那就有可能就是漏电保护器的问题,换一个即可;如果不跳闸那就继续送闸,如果跳闸了,那就说明就是该路电路的问题,推不上闸的空气开关先别管,继续送后面的空气开关,然后检查家里哪路电没电。然后把所有的电器插座全部拔下,再送一下刚才没送上的空气开关看看,如果还是送不上,把空气开关箱上的盖子卸下。再把电路的零线和地线全拔出总线,看看是否火线漏电。用电笔测一下拔出的零线和地线是否传电,一般不使用大功率电器的话,零线和地线是不会传电的。如果零线和地线没问题的,就可以把零线和火线调换一下。

火线漏电,把它做成地线是没关系的。地线接到空气开关的底下,然后把电路的所有插座里的地线和火线全部调换一下位置即可。

2. 避免电源总开关总是跳闸的方法

家里的电源开关一般有两种：一种是带漏电保护的，另一种是不带漏电保护的。带漏电保护的开关跳闸绝大部分的原因是零线上的电流过大（一般是毫安级的），说明家里的电器有漏电情况，应检查各个用电器；不带漏电保护的开关跳闸的原因是供电电流大于开关的额定电流。其他开关没问题，是因为单个用电器的电流没有超过单个开关的额定电流。

总是跳闸的原因一般有两种情况，一是漏电跳闸（如果家里装有漏电保护器的话），二是超负荷跳闸，所以需要注意以下问题。

（1）如果平时不跳闸而当使用某个电器时就跳闸或容易跳闸，那就说明这个电器有漏电的地方或有绝缘不好的地方。

（2）如果只要使用某一个线路，即某个线路一旦供电就跳闸，那就说明这条线路有漏电的地方。

（3）如果当某一个电器使用时，刚开始不跳闸，而等一会就跳闸，那就说明这个电器的绝缘老化了，热稳定性变差而发生漏电。

（4）如果是使用耗电功率相对较大的电器或家里有较多的用电设备在使用，这个时候跳闸，那就说明家里跳闸的空气开关（家用的 PVC 空气开关或漏电保护器）的额定电流选小了，应该换一个适宜的额定电流比较大的漏电保护器。

附录 4 ▶ 墙面维修保养

1. 墙面渗水留下了黄色污垢的解决办法

（1）如果是墙面出现渗漏，应剔除装饰面，采用具有防水密封性能的砂浆找平后，再将穿墙管与墙面的接触部位用高分子防水涂料涂刷两遍，恢复装饰层。

（2）如果是墙内预埋管出现渗漏，应进行更换，再恢复防水层与饰面层。穿墙、穿楼板的管道周围要用具有防水密封功能的砂浆堵嵌密实，沿管周留 20mm×20mm 的槽，干燥后嵌柔性密封材料，然后再用防水灰浆抹压平整。

2. 墙面受潮发霉的解决办法

居室的墙面受潮，甚至发霉，解决办法如下。

可先在墙面上涂上抗渗液，使墙面形成无色透明的防水胶膜层，即可遏制外来水分的浸入，保持墙面的干燥，随后就可以装饰墙面了。如果墙面已受潮，可选用防水性较好的多彩内墙涂料。

具体施工方法为：先让受潮的墙面有 1～2 个月的干燥过程，再在墙体上刷一层拌水泥的避水浆，起防潮作用。接着用石膏腻子填平墙面凹坑、麻面。然后满刮腻子，干燥后用砂纸将墙面磨平，重复两次，并清扫干净。最后在干燥清洁的墙面上将底层涂料用涂料辊筒辊涂两遍，也可喷涂。

3. 将乳胶漆墙面更换成壁纸墙面的方法

一般的乳胶漆受水回潮会导致壁纸剥离、起泡，严重的还会使灰底与乳胶层脱离。正常情况下旧墙面须用粗砂纸打磨多遍再涂专用壁纸机膜固化灰底，等干透后再贴壁纸。贴完壁纸后还需关闭门窗 2～4d。如果原有乳胶漆墙面达到壁纸施工要求，可以直接贴加强木浆类或木纤维类的透气性好的壁纸。

乳胶漆墙面是否可以直接贴壁纸，可从以下两方面考虑。

（1）看墙面乳胶漆的质量。涂层是否牢固，是否有裂纹，是否平整、起鼓等，如果这一类的墙面面积过大，最好铲除，如果只是局部，那只需做局部处理即可。

（2）壁纸的材质有差异，造成后期的施工效果差异也很大。表面是 PVC 材质的壁纸，因为受外界冷热变化影响大，容易收缩，开始看不出来，一两年后壁纸因表面收缩造成接缝处把原有墙皮拔起，翘边出来很难看而且无法维修；纯纸质壁纸，受干湿变化影响大，壁纸施工时要关闭门窗阴干 3d，晾干后不会再因环境冷热的变化对壁纸接缝和墙面产生作用，只要注意到这一点就可以放心使用了。

4. 壁纸墙面换乳胶漆的方法

想将贴的 PVC 壁纸重新刷乳胶漆，应该先用刀片轻轻刮掉壁纸；然后打磨或者刮掉原来的墙面，再刮腻子，最后上漆。

除掉壁纸的墙面基层一般是刮了腻子的素墙面，只需要稍微打磨平整，对凹凸部分做填补后再打磨一次，就可以刷乳胶漆的底漆。白色的墙面如果是刷过乳胶漆的，最好是先将墙面滚上水，发泡后铲去原有的乳胶漆，稍微打磨平整，对一些凹凸部分做填补后再打磨一次，就可以刷彩色乳胶漆了；否则由于漆面过厚，会起层。

5. 修补壁纸上的孔洞

（1）用单刃剃须刀片或美工刀沿破损区域修剪所有破损的边。

（2）从壁纸余料上剪下稍稍比破损区域大的一块壁纸，用一只手拿住壁纸余料有图案的一面，然后一边剪出圆形壁纸块，一边旋转壁纸余料；经过练习，从印有图案一面的壁纸上剪切下来的那块壁纸的图案可以是完好的，而背面则应削薄边。

（3）在这块壁纸背面涂抹薄薄一层黏合剂，然后将其盖在破损区域上。

（4）尽量使这块壁纸上的图案与壁纸上的图案对齐，要完美地对齐图案也许不可能，但是匹配的程度最好足以使人难以发觉。

6. 修复壁纸浮泡的方法

要修复壁纸内的浮泡，切割一个"X"字形，向后掀起，将黏合剂刷入浮泡，然后按下壁纸，位于不显眼处的浮泡就不会引起注意。如果使用的是未加工过的印刷纸，则小浮泡可以随着黏合剂的风干和纸张收缩而自动消失。但是，如果壁纸粘贴到墙上一个小时后浮泡仍未消失，则可能就不会自动消失了。按照如下步骤操作，可以修复形成时间为一个或两个小时的浮泡。

（1）用直别针刺浮泡。

（2）用拇指轻轻挤压堆积的仍然湿润的黏合剂或空气，使其从小孔处排出，注意不要撕破壁纸。

（3）如果此办法行不通，则使用单刃剃须刀片或美工刀在壁纸上割出一个小"X"字形，然后掀起壁纸末端。

（4）如果下面有黏合剂块，则轻轻地将其刮除。如果是空气造成的，则使用刷子在壁纸后面涂上少量的黏合剂，然后按下壁纸。边沿可能会有一点重叠，但是以后很难被发现。

7. 修复壁纸接缝的方法

先提起接缝处，然后使用刷子或者注射器在接缝下涂抹黏合剂，具体步骤如下。

（1）轻轻地提起接缝，然后用刷子在接缝下涂抹黏合剂。将接缝向下压，然后用叠缝滚压机在上面滚动。如果在重叠的乙烯基壁纸上发现了松动的接缝，则使用乙烯基黏合剂将其粘住。

（2）如果接缝有任何脱落的迹象，则使用两个或三个直别针穿过壁纸，钉在墙上，直到黏合剂变干。

8. 墙面砖出现空鼓怎么办

（1）若砂浆未松动，仅是瓷砖脱落，可将瓷砖背面和四周黏附的砂浆刮净后，在108胶中掺入少许水泥成糊状，在瓷砖背面均匀地涂上薄薄的一层，稍后压紧瓷砖即可粘牢。

（2）若砂浆连同瓷砖一同掉落，先在原基础面上轻轻凿些毛坑后，用拌有108胶的砂浆重新镶贴，或用水泥、E-44环氧树脂、丙酮、乙二胺（化工商店有售）按5∶3∶2∶1的比例拌匀后，用毛刷在基础面上刷一层，然后将脱落的瓷砖压上去，直至砂浆硬化。

需要注意的是，若瓷砖仅是局部脱落，千万不可用力敲打基础面上的砂浆，以防振松周围原本牢固的瓷砖。瓷砖在铺贴前应用水浸泡2h以上，让瓷砖充分吸水后，取出阴干或擦净明水；检查墙体基层抹灰是否符合要求，墙面基层脏物、灰尘必须清除干净。

附录5 ▶ 地面维修保养

1. 木地板起拱、变形的处理方法

如果地板只是微量变形，可以拆掉踢脚板，让地板下方与室内形成对流，地板会随着潮气的散干而慢慢恢复水平。如果地板变形比较明显，则必须拆下变形地板，放在阴凉通风处晾干，并在上面压上重物，使其恢复平整后再安装回去。对于变形严重的地板，则只能重新更换。地板起拱后，可以尝试将起拱处的地板拆掉，或者用锯子锯开一条缝，让其慢慢恢复不再变形后，再换装新的地板。如果起拱较为严重或者面积较大，则只能将旧地板拆除后，重新铺装。

2. 木地板踩上去有声音的解决方法

地板踩上去"咯吱咯吱"响，很多新装修的业主在装完地板后都遇到了这个比较郁闷的问题。要想知道是什么原因引起的，那就要看发出的声音是怎么个响法。

如果某个地方踩一脚响一下，再踩再响，连续如此，那肯定是木地龙与地面木榫之间没有固定住，或者木榫材质太软不吃力，被地龙拉起来所致；若是某个地方踩上去有时会有声音，有时没有，这种状况大多是地板钉小于实木地板的钻头孔之故，或是地板雌雄槽之间有松动的空隙造成的（与地板本身质量也有关系）。

处理地板有响声的办法很少，即便处理后缓和一下问题，还是不能根治。要根治有一个办法，重新紧固地龙，重装地板。只有在安装地龙和地板之前，注重以下工艺和方法，地板才不会响。

（1）安装地龙前一般都用12mm的电锤钻头打孔，那么起码要18～20mm以上的方形木榫夯实才有用，不能很轻松就打下孔去，过几天木榫一干燥就收缩了。

（2）夯地的木榫材质要比地龙材质硬，木材硬收缩力就小，地龙就不容易把木榫弹拉上来，才能保持稳固性。

（3）有的房间地面水平高度有差别，木匠师傅在地龙下面会垫一些刀形木塞或三夹板之类，保证地龙水平。这时千万别忘了，垫高2.5cm以上的地龙之前，必须要打上短地龙相互固定，防止地龙左右摇晃摆动，以保证地龙平整牢固。

（4）安装实木地板钻孔时，孔径一定要比地板钉小，这样地板才吃钉。

（5）墙面四周预留1cm以上的地板收缩缝，以避免气候变化或地板含水率不符造成膨胀起拱。

3. 木地板被虫蛀的解决方法

大部分的品牌地板在制作的过程中，都会有一道工序是在高温的环境下，使木材充分干燥，同时这个步骤也会杀死木材里可能存在的虫子和虫卵。另外，成品的实木地板外还要进行油漆，这样，即使有没被杀死的虫子，也会被封死窒息而死。因此，一般合格的实木地板是不会把虫子和虫卵带进室内的。但铺装实木地板的时候需要使用龙骨，木龙骨通常没有经过高温加工，很可能留下虫子或虫卵的隐患，潮湿和温度适宜的时候就可能遭到虫子的侵蚀，然后殃及地板，一般地板生虫最主要的原因就是潮湿。

如果虫蛀的情况已经很严重了，想根治的话，建议还是撬掉虫蛀的部分，在干燥的地面撒下防虫粉之后，铺上一层厚质防潮膜。因为防潮膜一般厚度有 5～10mm，这样可以有效阻止地下湿气的渗透，注意要顾及墙角的位置，因为墙角是最容易产生潮湿生虫的部位，不要让局部影响了整体。

如果想防潮更彻底些，可以再铺上一层活性炭。活性炭具有吸潮防虫的作用，不仅能有效防止地板变形，还可以吸收室内的烟味、臭味，吸附二氧化碳，还可以改善房间里的空气质量。

有人认为木地板铺装前在地面洒一层花椒可以有效防止生虫。干花椒的确可以驱虫，但很多实例表明，花椒由于潮湿生虫，反而会引发地板生虫。所以，最好的办法就是给地面多做一层防潮处理，或是给地板多刷一层防潮漆。

如果虫害的情况不太严重，不想把地板撬掉，还可以考虑用个土方法：把生石灰粉筛了只留细末，再准备几张 A4 纸，每两张纸为一个单位，沿着地板插在缝隙里，然后将生石灰粉沿着两张 A4 纸中间撒进地板下面。填白灰时要留有缝隙，不要完全填满。这些白灰能有效地吸附掉地板之间的水分，杀死虫卵。

4. 木地板被水泡了怎么办

如果木地板不小心浸水了，应在第一时间拆掉泡水地板。实木地板拆除时应加以注意，避免造成地板损坏。其他如复合地板等就可以拆开踢脚线，撬开一块地板，剩下的都可以自己拆除。

拆除后的地板要放在通风的地方晾干，不可曝晒，因为曝晒造成水分快速流失，会导致地板变形。然后将地面擦干、晾干、吸干，再将地板重新安装。不过由于地板泡过以后原来的胶都失效了，再次安装时应重新打胶。地板泡水之后再次使用，性能会打些折扣，肯定会容易变形，也可以在重新铺装后打点地板蜡或精油护理一下，能起到一定的维护作用。

地板泡水后需要尽快采取措施，如果浸泡三四天以后才采取措施恐怕于事无补了。以上办法是在地板全部被浸泡后需要采取的应急措施，在平时生活中，如果只是小面积沾水，比如不小心倒了一盆水在地板上，只需要多擦几遍，用风扇吹干即可。

5. 地面砖出现爆裂或起拱的解决方法

（1）检查一下整个房间内的地砖，看是个别瓷砖起拱还是大面积起拱。检查时可以用敲击瓷砖的方法，声音发空的瓷砖就是已经空鼓了，也就是瓷砖已跟水泥层分离了。这样的瓷砖如勉强压下去，很容易破裂。因此，必须把拱起的瓷砖撬起来，重新铺。如果空鼓的瓷砖数量多，就干脆整个重铺了。

（2）把拱起的瓷砖与其他瓷砖之间的接缝用切割机锯开（切割时会有很大的粉尘，所以需要不停地往切割机里加水）。要很小心地把瓷砖掀起，动作一定要轻，否则容易造成瓷砖破裂。

（3）把粘在瓷砖边上的水泥砂浆全部刮掉。处理下面的水泥层，刨掉 1～2cm，清理干净。

（4）均匀涂上一层混合水泥砂浆。水泥和砂的比例为 1：2，水泥强度等级为 32.5 级。如果使用的是白水泥，一定要采用 108 胶，这样可以使水泥与地砖之间紧密黏合。

（5）把清理好的瓷砖重新铺好，压平，等水泥彻底干透后再使用填缝剂加固，从而避免产生地砖上翘、开裂的现象。

附录 6 ▶ 门窗维修保养

1. 门窗框与四周的墙体连接处渗漏
日常使用中，有时会发现门窗框周边同墙体连接处出现渗水，尤其在窗下角为多见。出现门窗渗水的原因大致有以下两点：

第一，门窗框同墙体连接处产生裂缝，而安装时又未用密封胶填嵌密封，雨水自裂缝处渗入室内；

第二，门窗拼接时，没有采用套接、搭接方式，也未采用密封胶密封。

为了防止门窗框渗水，在施工时应采取相应措施。

（1）为了防止裂缝处渗水，门窗框同墙体间应做弹性连接，框外侧应嵌木条，留设 5mm×8mm 的槽口，防止水泥砂浆同框体直接接触。

（2）施工时应先清除连接处槽内的浮灰、砂浆颗粒等杂物，再在框体内外同墙体连接处四周，打注密封胶进行封闭。注胶要连续，不要遗漏，黏结要牢固。

（3）组合门窗杆件拼接时，应采用套插或搭接连接，搭接长度不小于 10mm，然后用密封胶密封。严禁采用平面同平面组合的做法。

（4）对外露的连接螺钉，也要用密封胶掩埋密封，防止渗水。

2. 窗户漏风的处理
（1）如果漏风的缝隙是安装遗留下来的问题，应该采取的措施是最好是先把窗框和门套同墙体的缝隙清理干净之后，用发泡胶塞进去，接着用水泥和砂来填进缝隙，最后再去做修补。

（2）产品没有安装好留下来的缝隙，首先要看是安装不到位还是产品本身有问题。如果是产品的原因，应该找经销商，或者是厂家。如果是在安装的时候出的问题，可以拆卸下来，重新安装上去就行了。

（3）如果缝隙不是很大的，可以粘密封条，不过这样下次还是要粘贴，有点麻烦。

（4）如果缝隙很大的话，在原来的窗户里面加一层塑钢窗就好了。

主要参考文献

［1］ 中华人民共和国建设部. 建筑装饰装修质量验收规范：GB/T 50210—2018［S］. 北京：中国建筑工业出版社，2010.

［2］ 中华人民共和国住房和城乡建设部. 房屋建筑室内装饰装修制图标准：JGJ/T 244—2011［S］. 北京：中国标准出版社，2011.

［3］ 中华人民共和国住房和城乡建设部. 建筑工程施工质量验收统一标准：GB 50300—2013［S］. 北京：中国建筑出版社，2013.

［4］ 中华人民共和国建设部. 建筑给水排水及采暖工程施工质量验收统一标准：GB 50242—2002［S］. 北京：中国建筑工业出版社，2002.

［5］ 理想·宅. 一看就懂的装修施工书［M］. 北京：中国电力出版社，2016.

［6］ 吕铮. 装饰装修工长［M］. 武汉：华中科技大学出版社，2012.